男人的廚房

義大利篇

作者序

　　孩童時，總是得看完〝傅培梅〞時間後，緊接著才是「鐵金剛」與「小飛俠」；每年總是期待著在端午節幫母親洗粽葉，看著母親包著南部粽，解釋著南部粽與北部粽的不同，站在水氣四溢的廚房等待美味的粽子；然後當過年前，看著母親忙進忙出，拿著糯米請託鄰居將糯米磨成米漿，而年幼的我則提著空水桶在一旁等待，看著磨好且提不動的糯米漿，雖然一點忙也幫不上，總以為跟在母親身旁就能比兄、姐早一步拿到第一手好料而且樂此不疲……現在回想起來，才發現原來我愛的不是美食，而是母親對食物的尊敬與氣氛，尤其是在那個物資缺乏的年代。

　　高中時學的是機械製圖，卻因誤打誤撞走進餐飲業。看著店長與主管，廚房外場二頭跑，心裡還想著：廚師幹嘛去服務顧客？去學習成本管控？還要人事管理？隨著工作時間與經驗累積，才發現原來做為一位廚師或管理人員都必須內外皆備，才能成為一個全方位的「餐飲人」。那年我19歲，當兵在即，但是我想如此精彩的餐飲工作值得用一生來探索，因此即使沒多久隨即展開二年的外島軍旅生活，為了不讓技巧生疏，我在軍中繼續著廚房的工作。一切仰賴台灣物資運送的外島，在物資極為缺乏的廚房，青菜比肉貴，早餐的饅頭加蛋也變得遙不可及。這樣的情形下，讓大家吃頓美食似乎是不可能的任務，因此我學著如何在外島貧瘠的紅色土壤中種出蔬菜，更買了許多的中、外料理書在部隊進修。這也讓我驚覺，原來當個廚師還得會英文，尤其是對於想當西餐廚師的我更顯重要，但這對不愛讀書的我真是苦差事一樁，但是一切從頭學起……

　　退伍後，不小心將自己丟入一個充滿老外的美式餐廳、美國老闆、美國主廚，連外場經理也是不會講國語的香港人，客人都是老外！一路從餐廳到飯店，反覆的跑著！一直想超越自己，想了解何處才是我心中餐飲的殿堂。直到進入「晶華酒店」義大利餐廳，拜入名廚 -- 朱利安諾‧格薩里門下，我想我找到了我的歸屬。直到多年後才發覺！原來！那就是我心中的聖堂，而朱利安諾‧格薩里主廚就是我心中的聖者。雖然期間因為語言的隔閡產生很多笑話與誤會，光是「提拉米蘇」的製作就站在他身旁看了3個月，然後他又站在我身旁指導3個月，超嚴格！不是不放心，而是一種對料理的自信與慎重，當年的誤解只是不懂他老人家的心意，多年後的我確確實實的感受到並收藏。

　　常常有學生或朋友問我，如何對料理持續的保持熱忱？姑且不論主管、老闆的好壞，其實每個人每天8～10小時都重複著相同的工作，銀行的櫃員每天重複著收納、支出與結算，警察每天重複著維持交通與治安，每一天每個人都重複著相同的工作，每個人只看見自己的苦！我其實也是每天面對不同的客人煮著相同的料理，其實每當客人點了一道再也熟悉不過的料理，但是今天的食材跟昨天與明天絕對不是同一批，每一次食材在鍋中的變化總是一種令人期待的挑戰，然而每天卻得烹調出相同的味道。即使是待在廚房工作多年的我，仍然得小心謹慎地努力著，還有保持對料

理的學習與好奇心，這就是我工作的樂趣，而讓我沉浸在餐飲業 20 年。忘記是哪一位名人的話：「美味的食物你無法連續享用 8 小時，好玩的遊戲你無法不停止的玩下去，唯有得到你認同的工作值得一生去追求。」

　　也許你會問，對我而言料理是什麼？我想不只是將菜做好而已，在寫這本書的同時，慢慢回想過去學習料理的過程，從傳統西餐、中國料理、美墨餐點最後來到義大利料理，其實料理就像一幅拼圖，費盡心思找尋並將它放在適當的位置，同時間，另一塊拼圖卻已悄然入手，就是「男人」該做什麼？男人的生活，我想不該只是工作、與車友玩玩汽車或重機，或三五好友參加爵士與雪茄的聚會，當然選項不只如此！在眾多的選項中似乎獨缺了，為家人或伴侶做頓美味晚餐的選項。「男人廚房」是什麼？男人廚房希望傳達的是一種概念，一種生活的樂趣。<< 男人的廚房－義大利篇 >>收錄了我從事義大利料理 10 餘年精心挑選的數十道義大利美食，容易且方便。我的建議！先從麵食開始，男人們動手吧！如果你已是從事餐飲工作的朋友，記住做法，忘掉分量的配方！你會做得更好，不管是出於何種理由購買本書，除了一般主流義大利美食，也試試本書中的經典家鄉料理。

　　<< 男人的廚房－義大利篇 >> 在即將完稿之際，我想感謝在我從事餐飲工作 20 年來一路相遇的夥伴與家人，那些曾經鼓勵我的人，謝謝你們的教導，而那些曾經不看好我的人，也因為有你們讓我知道要更努力。本書每一個單元第一道料理，幾乎都是在朱利安諾・格薩里主廚麾下所學的第一道正統義大利美食，藉由本書獻給已逝的主廚表達我對你的感謝與思念，也獻給已逝的母親，希望你們能以我為榮。

歡迎讀者來信與我討論，我的電子信箱：m33198@yahoo.com.tw

工作經歷：
1990　喜客來股份有限公司 (芳鄰餐廳) 廚師
1994　大市股份有限公司 (Dan Ryan's芝加哥餐廳) 廚師
1995　晶華酒店 (Caef studio 義大利廳) 一級廚師
1997　悅格食品 (淡水轉彎角義大利麵) 負責人，營業時間 10 年
2005　財團法人中華文化社會福利事業基金會擔任　西餐客座師
2007　嵐荷坊 (Aroma 美義餐廳)　店長　任職中
2009　大家發實業股份有限公司　擔任　西餐兼任講師　任職中

目錄

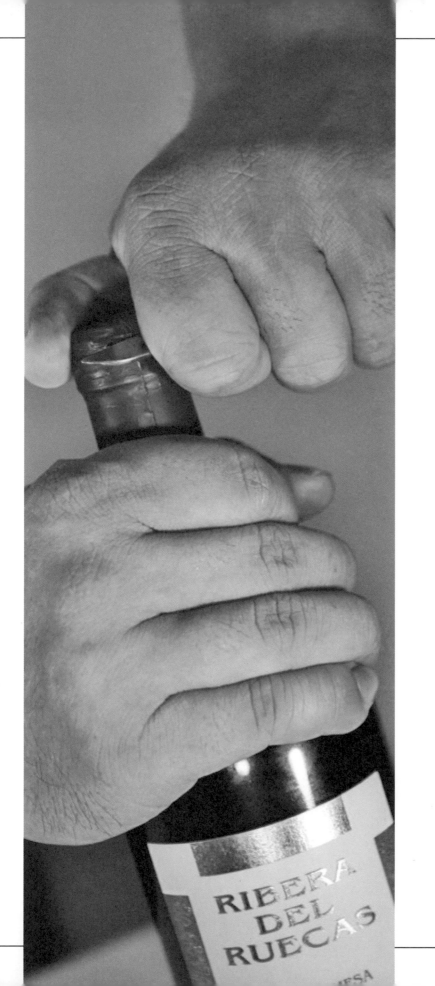

義式料理特色

Characters of Italian Cuisine

地中海型氣候，豐富的物產，無與倫比的浪漫、熱情、慵懶、隨性與好客，造就了舉世聞名的義大利料理。

認識義式料理

在我們動手製作義大利料理之前，先來聊聊我所認識的義大利人與義大利。地中海型氣候，豐富的物產，無與倫比的浪漫、熱情、慵懶、隨性與好客，造就了舉世聞名的義大利料理。若以為美味的料理需要講求細緻和精美，對不起，那你可就誤會大了，義大利人才不會浪費時間於此。對他們而言，美味才是生活，精美擺盤就留給法國人吧！畢竟很多義大利人的家中連砧板都沒有呢！

北義位居高地阿爾卑斯，緊鄰法國、瑞士等地，因此酪農業、畜牧業也就相對發達，畜類肉品成為北義地區主食，對於麵食的需求量較少。義大利為歐洲米食最大食用國，北義溫多內省不僅產米，更喜好以奶油製作料理，尤以奶油豌豆火腿燉飯為其代表。

位於義大利中部最為有名的城市莫過於羅馬，因為融合南、北義食材的地方特色，因而有更加豐富精緻的飲食文化，著名的羅馬料理為茄子烤乳酪、蕃茄培根義大利麵、生氣的人義大利麵。

位處義大利底部的南義，因四面近海之故，魚蝦、扇貝、蛤蜊等海鮮產量豐富，加上使用大量的橄欖油烹調，成為南部義大利人的主食。也因海鮮料理較不具飽足感，因此麵的需求也就倍增。所以，腦筋動得快的商人就把義大利麵乾燥量產，當然以海鮮入菜的料理也就更隨處可見。

橄欖油 Olive oil

較為簡單的分法黃色橄欖油用於熱煮，綠色橄欖油用於沙拉製作。

紅酒 Red Wine
白酒 White Wine

肉類與海鮮調理。

白酒醋 Vinegar

大多用於醃漬或醬料調理，味道略比中式白醋酸且嗆。

巴沙米哥葡萄醋 Balsamico

由義大利蒙迪那或拉吉艾米利亞地區所栽培的葡萄提煉，酸度 6% 以上，酒精度 15% 以下，每 cc 的含糖度在 15g 以上。

適用於沙拉、麵及海鮮。

陳年巴沙米哥葡萄醋原料同上，但必須由法定工廠所製造，不能有任何添加物，且經過公會檢查合格，限於發酵 12 年以上者。

義大利常用食材介紹

西式芥末 Mustard

又分黃芥末與有籽芥末，前者味酸爽口，後者味醇香濃。兩者皆可用於西式速食或燒烤，各式冷熱沾醬調理與燉煮料理。

有籽芥末 Mustard

辣椒水 Tabasco

愛吃辣的朋友一定知道，吃 Pizza、Pasta 絕對少不了。

醃漬鯷魚 Anchovy

地中海特有食材，適用於各種海鮮料理與醬汁，味鹹，具有提鮮作用。

牛肝菌 Porcino

一種義大利菇類，香味濃烈，和其他菇類及雞肉、牛肉都很搭配。

動物性鮮奶油 Cream

製作奶油醬汁與濃湯。

黃奶油 Butter
又分無鹽奶油與有鹽奶油～
也可代替橄欖油烹調。

黑橄欖 Black olive
產於地中海沿岸，品種多，隨成熟
度的增加，顏色由黃綠轉為紅黑
色，含油量也增加。市售時多為醃
漬在鹽水裡。

起士 Cheese
莫札瑞拉 mozzarella 多用於
pizza 與焗烤也可製作沙拉；
帕馬森乳酪 parmesan 則大
多用於義大利麵。

羅勒 Basil
全世界有五十多種的羅勒，適用於
醬料或盤飾，地中海料理中常用的
為甜羅勒，與台灣的九層塔同種但
香氣略為不同。

義大利常用新鮮蔬菜
辣椒、洋蔥、蘑菇、西洋芹、
紅蘿蔔、蘆筍、甜椒、節瓜、
小蕃茄、花椰菜、南瓜、茄子、
菠菜、馬鈴薯、羅曼生菜。

義大利常見海鮮
白蝦、章魚、草蝦、墨魚、干
貝、淡菜、海瓜子、鱸魚、鮭
魚、螃蟹。

義大利常見肉類
義大利臘腸、風乾牛肉、帕
馬火腿、波隆那大肉腸、牛
膝、仔羊、牛肉香腸、火雞火
腿、義式培根。

酸豆 Caper

常見於開胃菜、沙拉或麵料,一般以鹽水罐頭販售。因其酸刺味十分特殊,故用量須慎重。

芫荽粉 Coriander

常見於希臘菜與咖哩,也用於漢堡調味。

小茴香粉 Cunim

常用於咖哩,也用於漢堡調味。

鼠尾草 Sage

別名山艾,適合海鮮或雞肉。

匈牙利紅椒粉 Paprika

紅椒粉聽起來辣其實一點也不,多用於肉類食材調理。匈牙利紅椒粉最適合拿來烹煮重口味的料理,是筆者最愛的香料之一。

月桂葉 Bay leaf

常用於湯或必須長時間烹煮燉煮的醬汁。多為乾燥。

胡椒 Peppers

依熟成度之不同分為白.綠.紅.黑,香味各異。白色溫和,綠色馨香,紅色甘甜,黑色辛辣。

百里香 Thyme

別名麝香草,香氣溫和,適合煮湯提味或海鮮料理。

辣椒 Chili

南義料理經常使用,各式醬料均可酌量使用。

松子 Pine seed

常見於各式糕點與料理中,義大利料理最為經典的使用方法是"熱那亞醬汁"也就是俗稱的青醬。

大蒜 Garlic

剁碎或切片均可。

俄力岡 Oregano

十分適合蕃茄醬汁與 pizza。

迷迭香 Rosemary

適合煮湯或搭配牛肉醬料。

荷蘭芹 Parsley

又名巴西利,多用於裝飾。

常用廚具介紹

討厭煩雜瑣碎的義大利人，都用哪些廚具來製作餐點？

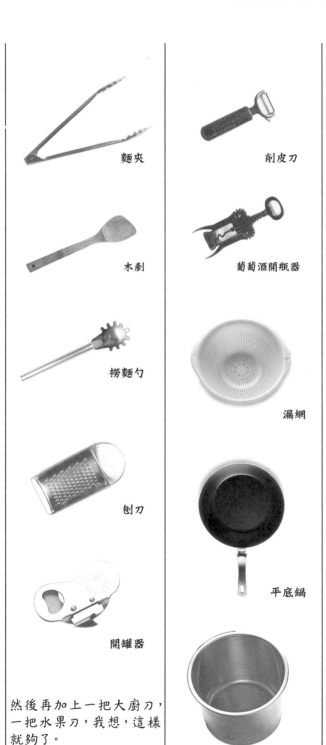

麵夾

木劑

撈麵勺

刨刀

開罐器

然後再加上一把大廚刀，一把水果刀，我想，這樣就夠了。

削皮刀

葡萄酒開瓶器

漏網

平底鍋

煮麵／深湯鍋

基本款起士

起司種類大約有 2500 種，但常應用的大約是在 200 種左右。一般而言，德國、瑞典、瑞士、荷蘭、英國等大多數使用牛奶製作起士；但義大利以及號稱有起士王國的法國，不僅使用牛奶，還有用羊乳、山羊乳及水牛乳所製作的起士種類也不在少數。基本上，起士產地極多，種類也是五花八門，有工廠大量生產的製品，另外自家農場的產品也相當多。

氣候也會影響人的味覺，因此在各個季節，都可以運用不同的起司來搭配料理。

- 春季～濃郁卻清爽的 Brie 布瑞起士，適合搭配茶、餅等。
- 夏季～口味較重可提振食慾的煙燻 smoke Cheese，適合搭配啤酒。
- 秋季～口味清爽奶味香純的貝爾佩司，最適合法國麵包。
- 冬季～餘韻十足的藍紋 Gorgonzola Cheese，可以全方位使用於料理中，也可直接搭配紅酒。

依加工性質可以大致分為四類：
新鮮起士：
Mascarpone
馬斯卡澎

常用於義大利冰淇淋或甜點如提拉米蘇。

白黴起士：
Brie
布瑞（法）
藍紋起士

屬於軟質起士，表面披覆一層白色黴菌，內部呈濃稠滑膩。

硬質起士：
Parmesan
帕馬森起士

具有悠久的歷史，製作方法數百年來不曾改變，是義大利料理不可缺乏的主角。

加工起士：
Smoke cheese 煙燻起士

源自於荷蘭，卻廣為運用在義大利菜當中。

上市場去

其實在小時候，我就常幫母親上市場跑腿。還記得有一回母親要我上市場買蔥，回家時卻帶了一把「韭菜」，因為媽媽說「蔥」的樣子長長綠綠……

感覺做菜和上市場買菜都是媽媽或太太的專利，其實男人上市場一點也不難，但我會建議盡量在上午9點以前去，尤其是要採購海鮮與肉類的時候。因為夏季天氣濕熱，哪怕是市場當天處理的溫體肉類，到了上午9點以後就難免會有敗壞的情形。其實偶而上市場體驗台灣人的熱情與活力，還挺有趣的。我在環南市場買材料已經有十多年的日子了，市場裡喜歡殺價的阿桑，市場的叫賣吆喝聲，市場旁的小吃……這些專屬於市場本身的味道，每天都在上演著。但別以為看完我的介紹，就會有買蔥送蘿蔔之類的好康……感謝環南市場多年的朋友們情義相助，別以為上市場只是一種行為，有時也能交到志同道合的朋友。

挑選蔬菜時，如彩椒，盡量挑選肉厚且色澤飽滿的。
同等大小的葉菜要選重一點的，因為水分含量較高會較美味，保存也會較久。
根莖類如馬鈴薯、地瓜、蘿蔔等，帶有泥沙的保存時間會較久也不太需冷藏，如果太早急著將泥沙清除又吃不完，這些根莖類在沾水之後可是會發芽。

挑選水果時，如葡萄，帶有果粉，捏起來有彈性且色澤飽滿，十之八九不會太差。
像哈密瓜，外皮的紋路來自成長時飽滿糖分推擠所成，所以外皮的紋路越多甜度就越高。
大部分的人都喜歡新品種的「聖女小番茄」因為夠甜，但是做義大利菜時我喜歡用「連株番茄」也就是夾蜜餞的那種，味道比較酸比較重，做菜時比較能刺激味蕾，調和味覺。

海鮮類的挑選一定要小心。
探看魚類要注意眼球是否飽滿，且渾圓明亮，魚身長、寬度是否合乎比例，有無破損。尤其現今的魚貨會經過加工運送，因此魚鰓大多不是鮮紅，因此單憑魚鰓來挑選是不夠的。
至於貝類，如蛤蜊、淡菜，人工養殖的貝類外殼顏色較淺，野生採收外殼顏色較暗。蛤蜊買回時先以鹽水浸泡約1小時，待吐沙後再連同外殼一起洗淨，就可烹煮。
軟體類，如章魚、花枝，正常未烹煮時，肉身與觸鬚呈柔軟狀，如果肉身呈現緊實或觸鬚捲曲的狀態，除非是烹煮過的，否則千萬別買。
蝦子可以的話買帶殼的最好，需要蝦仁時建議自行處理。告訴各位，蝦仁真的不是脆的，是QQ的。改變習慣吧！各位，牠真的不是脆的，聰明的你一定知道我要表達的是什麼。

大多數的人都喜歡溫體的肉類。
挑選溫體牛肉就要選擇肉色紅潤，無水氣有少許油光，而冷凍牛肉就慎選店家。
豬肉，有CNS的最好，擇肉色粉紅，無水氣有少許油光，就很讚。
溫體雞肉一般來說肉色較白，大部分因作業需求會經過清洗手續。一般而言，只要無異味即可。

湯

Soup

西餐湯可不只是玉米濃湯
與蘑菇湯，介紹幾道傳統
卻不常見的義大利湯品給
各位。

先將雞骨以沸騰熱水
汆燙去除血水與雜
質,汆燙完畢後以冷
水沖洗備用。

取一湯鍋倒入水,
並加入蒜頭、紅蘿
蔔、洋蔥、西洋芹與
月桂葉。

基礎高湯

只要學好基礎高湯,對湯的變化與運用會有很大的幫助!

材料

雞骨或魚骨……1 斤
蒜頭……幾顆
紅蘿蔔……1 根
洋蔥……1 顆
西洋芹菜……數根
水……3 公升
月桂葉……3~5 片
白葡萄酒……隨意,以不會醉為原則

待水沸騰後加入汆燙
完畢的雞骨與白葡萄
酒,邊煮邊撈出血渣。

燉煮約 1 小時後,用篩網濾出清
湯,就完成基礎高湯了。對了,
千萬別用豬骨,味道太重,除非
你想煮陽春麵或貢丸湯。

這道湯適合油脂豐富的火腿，味道會較為滑潤。適合的火腿，看起來會有點像是霜降牛肉，也就是一般人稱雪花肉的樣子。更簡單的挑選方式，就是看白色部位較多的就是了。

材料（4 人份）

紅蘿蔔絲……1/6 根
西洋芹菜絲……1/2 根
黃瓜絲……1/2 根
風乾火腿切絲……200 公克
（千萬別用帕馬火腿）
高湯或水……1 公升
白葡萄酒……少量
鹽……適量

做法

① 將先前學會的基礎高湯，放入湯鍋中煮沸。

② 加入蔬菜絲並煮至軟爛。這時緊接著放入風乾火腿切絲與白葡萄酒煮約 2 分鐘，並調味。

要注意了！火腿不耐煮，煮久之後的口感會變得乾澀。

風乾火腿蔬菜湯

這是一道簡單又有特色的風味料理，咱們來吧！

材料（4 人份）

①
鯷魚……約 6 片
蒜末……適量
紅蘿蔔丁……半根
洋蔥丁……1/2 顆
西洋芹菜丁……數根
基礎蕃茄醬汁……250 公克
　（作法請見 45 頁）
黑橄欖切片……數顆
迷迭香……少量
百里香……少量
俄力岡……少量
鹽……適量
白胡椒……適量
魚高湯或水……1 公升

②海鮮料
蛤蜊……喜好的量
花枝……喜好的量
鯛魚……喜好的量

做法

① 蒜末與鯷魚爆香，加入紅蘿蔔丁、洋蔥丁、西洋芹丁等蔬菜炒至微軟。

② 加入搗碎的脫皮蕃茄與黑橄欖片。

③ 再加入高湯或水，以及迷迭香、百里香與白胡椒後，慢火煮至蔬菜軟爛。

④ 最後加入海鮮煮熟，並調味後即可上桌，可搭配法國麵包食用。

掌握下鍋時機才能煮出一鍋好湯。烹煮海鮮時，因蚌殼類烹煮時間較長，如蛤蜊、淡菜，需先入鍋待微開口，再將需時較短的軟體類入鍋，如花枝、章魚或去殼蝦仁等。

托斯卡尼海鮮湯

位處內陸的托斯卡尼因為海鮮取得不易，所以聰明的托斯卡尼人運用香料克服海鮮的腥味與增香。

將頭切下　　清除墨囊與組織　對半切開
　　　　　　並將嘴巴去除

花枝的
處理手法

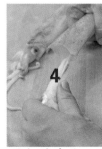

將內臟清除　　取出花枝內　　拔除外皮
　　　　　　部的軟骨

香料牛肉清湯

一直覺得牛肉清湯像市場老山東的家鄉菜,可是香料牛肉清湯真的是義大利湯品。

材料(4人份)

橄欖油……適量
大蒜……適量
洋蔥丁……1顆
紅蘿蔔丁……半根
西洋芹菜丁……適量
高麗菜丁……適量
月桂葉……1片
百里香……少量
白胡椒……少量
高湯或水……1公升
牛腩……300公克
中筋麵粉……適量
白葡萄酒……適量
鹽……適量

做法

① 將洋蔥丁、紅蘿蔔丁、西洋芹菜丁、高麗菜丁以大蒜炒香,放入高湯或水,加入百里香、白胡椒、月桂葉以中大火煮沸。

② 牛腩切塊沾麵粉,油煎至表皮酥黃即可。

③ 牛腩加入沸騰的湯中,並加入白葡萄酒,邊煮邊撈出血渣,燉煮約一小時,最後以鹽調味即可。

文中會常提到「少量」以香料來說如何拿捏?以手的前三指尖抓取的量即可,以公克來說大約5公克,或1小茶匙。不過我想你們應該不會想用小秤子、小茶匙吧!

奶油肉球菠菜湯

濃膩的奶油濃湯平日常見，今天來道清爽的奶油清湯吧！兄弟們動手吧！

材料（4 人份）

雞胸肉（絞肉）……200 公克
洋蔥……少許
蛋……1 顆
洋蔥粉……少許
小茴香粉……少許
麵包粉……50 公克
動物性鮮奶油……200 公克
菠菜……1 小把
高湯或水……1 公升
蒜末……適量
鹽……適量

做法

① 菠菜洗淨以熱水燙熟後，沖冷水並切碎擰乾，將菠菜與雞肉、洋蔥、蛋、洋蔥粉、小茴香粉、麵包粉、動物性鮮奶油 50 公克，混合備用。

② 取一湯鍋倒入高湯或水，並加入蒜末與動物性鮮奶油。

③ 待湯沸騰後，將混合備用的雞絞肉擰成肉球放入湯鍋中，當肉球浮於湯面時就完成了。對了，別忘了調味，奶油湯並非一定是濃湯，這是一道清爽的奶油湯，不愛奶油的型男酷爸也能接受。

雞肉攤一般不賣絞肉，找個豬肉攤幫忙吧！也可以自己用菜刀剁，但肉會有粘性，用刀要小心！剁碎後的雞絞肉相當軟，不需太費力就能捏出喜歡的大小。還是說不會，別鬧了，就像小時候捏泥球一樣容易，家裡有小朋友的話，請他們一起玩泥巴吧！

材料（4 人份）

橄欖油……適量
大蒜……適量
洋蔥丁……1 顆
紅蘿蔔丁……半根
西洋芹菜丁……適量
高麗菜丁……適量
花椰菜……適量
月桂葉……1 片
百里香……少量
高湯或水……1.5 公升
白葡萄酒……適量
短形義大利麵……1/4 包
　（先煮好）
鹽……適量

做法

① 取一湯鍋，先以橄欖油炒香大蒜後，將其餘蔬菜略炒（不必炒軟）並加白葡萄酒略煮收乾。

② 鍋中加高湯或水，以及月桂葉。以中火煮沸後，將短形義大利麵放入湯中煮約 6 分鐘，調味後就可享用。想加起士粉可以嗎？當然沒問題。

因為加了麵，所以這道麵湯也可當主餐享用，就看你如何發揮。如果喜歡吃肉的話，炒蔬菜時可以多加些培根、西式香腸或海鮮料也不錯！

傳統義大利麵湯

義大利麵能煮湯嗎？那究竟是湯？還是麵？所以，當然是麵湯。

26

材料（4人份）

沙拉油……適量
洋蔥絲……2顆
高湯或水……1公升
動物性鮮奶油……250公克
麵糊……適量
（做法請見44頁）
鹽……適量

做法

①沙拉油加熱後放入洋蔥絲，以中火炒煮，待洋蔥略微軟化後，應會釋放水分。不需將這些水倒除，改以小火慢炒直到洋蔥呈現美麗的咖啡色。

②將洋蔥從鍋中取出，放入小漏網將油濾除。

③取一湯鍋注入高湯或水，待湯煮沸後將洋蔥絲加入。

④煮約15分鐘後再加動物性鮮奶油，和調製好的麵糊芶芡，煮沸後再進行調味即可。

要小心！洋蔥別炒過頭了，炒至像圖片一樣就很完美了。

奶油洋蔥湯

法式洋蔥湯大概大家都喝過，不需準備太多的材料，花點時間來煮道奶油洋蔥湯吧！

開胃菜與沙拉

Appetizer & Salad

義式開胃菜與沙拉有別於一般台灣常見的美乃
滋與千島醬等人工醬料，而是融入大量的橄欖
油、檸檬汁、白酒醋等天然素材所製成。

朱利安諾
油醋鮪魚起士沙拉

朱利安諾油醋鮪魚起士沙拉是我過去於飯店工作時，朱利安諾主廚最為常用的簡便午餐。現在與讀者分享，也獻給已逝的朱利安諾主廚。

材料（2 人份）

①

蒜泥……少量

洋蔥碎……適量

細胡椒粉……適量

紅辣椒碎……適量

綠色橄欖油……100 公克

檸檬汁……30 公克

白酒醋……30 公克

②

喜愛的生菜或其他蔬菜……300 公克

新鮮或罐頭鮪魚……適量

煙燻起士切片……適量

帕馬森起士粉/片……喜好的量

鹽與白胡椒 ……少許

做法

① 先製作油醋醬。將蒜泥、洋蔥碎、細黑胡椒、紅辣椒碎、綠色橄欖油、檸檬汁、白酒醋，放入一乾燥碗中充分攪拌備用。

② 生菜洗淨瀝乾，種類可依喜好增加。加入鮪魚，淋上油醋醬，加上煙燻起士與帕馬森起士，最後撒上鹽與白胡椒就完成了。

△ 註：「碎」即切碎之意。

香草風味
奶油馬鈴薯

這是一道簡單的馬鈴薯開胃菜,也可當作排餐的配菜,吃牛排最速配。

油醋醬製作後約可保存1週,使用前別忘記先搖勻,檸檬汁與醋會沉澱。

新鮮鮪魚可灑上鹽與白胡椒油煎,並加白葡萄酒增加香味。使用罐頭鮪魚可將罐頭的油脂濾出代替橄欖油的運用。

材料(2人份)

馬鈴薯……3顆
無鹽奶油……喜好的量
蒜碎……少許
洋蔥碎……少許
迷迭香……少許
荷蘭芹(巴西利)……少許
白葡萄酒……少許
鹽與白胡椒……少許

做法

① 馬鈴薯洗淨切塊不去皮,水煮至用叉子可插入即可撈出放涼備用。馬鈴薯放涼會比較結實,翻炒時才比較不會鬆散。

② 取平底鍋加入無鹽奶油與蒜碎、洋蔥碎炒香。

③ 加入馬鈴薯與小蕃茄翻炒,倒入白葡萄酒並加入荷蘭芹與迷迭香,煮至將葡萄酒略為收乾,最後調味即可。這邊要注意的是,迷迭香千萬別爆炒,因為迷迭香容易焦。

材料（4 人份）

法國麵包切片……8 片
莫札瑞拉起士……適量
蛋……3 顆
橄欖油……適量
蒜片……適量
鯷魚……數尾
白葡萄酒……少量
蕃茄片……適量

做法

① 將法國麵包切大斜片，放上莫札瑞拉起士後，再取一片法國麵包覆於上層並沾蛋液。

② 取一煎鍋加入橄欖油，將麵包入鍋煎至金黃。

③ 待所有麵包煎製完成起鍋後，於鍋中重新加入橄欖油，並放入蒜片、蕃茄片、鯷魚。浸泡在橄欖油的鯷魚相當鹹，使用時要酌量。

④ 將鯷魚絞碎，倒入白葡萄酒熬煮並收至乾，將鯷魚白酒汁淋於麵包，記得趁熱食用。

煎莫札瑞拉鯷魚麵包

誰說法國麵包一定乾著吃，試試南義風情吧！

塔魯塔魯
風味鮪魚麵包

吃生魚可不是日本人的專利，來看看義大利人如何吃「生魚」。

材料（4 人份）

①

法國麵包切片……8 片

羅曼生菜……1 把

②

新鮮生鮪魚……喜好的量

蒜碎……適量

洋蔥碎……喜辣多放

酸豆……適量

酸黃瓜碎……適量

九層塔……少許

生蛋黃……2 顆

橄欖油……適量

鹽……適量

做法

① 將材料②全部剁碎，在大碗內攪拌均勻成沙拉醬，備用。

② 羅曼生菜洗淨瀝乾，放於餐盤上。將法國麵包入烤箱烘烤，完成後置於生菜上，最後把沙拉醬用小湯匙舀起覆在麵包上就完成了。

使用生鮪魚時一定要注意新鮮度！不喜歡生鮪魚者，可試試煎至焦黃的碎培根來代替也不賴！

羅馬風起士烤茄子

麻婆、魚香、涼拌茄子都試過的話，何不試試道地的義式烤茄子。

材料（4 人份）

茄子……3 支
大蒜……4 顆
洋蔥……1 顆
脫皮蕃茄罐……250 公克
九層塔……適量
俄力岡（香料）……適量
起士絲……視個人而定

做法

① 先將大蒜、洋蔥炒香，加入蕃茄與俄力岡熬煮並調味成蕃茄醬汁，備用。

② 將茄子剖半並切成適當大小，輕放入熱油，以油炸或油煎調理。

③ 將茄子整齊排放於可微波或耐熱餐盤中，把蕃茄醬汁適量的覆蓋於茄子上，緊接著把起士絲鋪放在茄子上送入微波爐或烤箱待起士融化後，就成為一道美味的「羅馬」料理。最後別忘了將九層塔切絲，並大方地撒在茄子上。

炸海陸佐陳醋蜂蜜

喜愛啤酒的男士們別錯過這道美食，也別忘了邀請身邊的女士們。因為酸甜蜜醋汁，對女士們可是相當具有吸引力。

材料

蛋……1 顆
中筋麵粉……1.5 杯
水……0.5 杯
啤酒……1 杯
鹽……少許
花枝或任何無殼/去殼的海鮮……不限
蔬菜（紅蘿蔔條、蘆筍、香菇）……不限
鹽……少許
蒜碎……少許
中筋麵粉……少許
蜂蜜……100 公克
巴沙米哥葡萄醋……150 公克

做法

① 將蛋、水與鹽混合攪拌，加入中筋麵粉再次攪拌，盡量不要有粉塊殘留。最後倒入啤酒，輕輕攪動至均勻。
（完成的麵糊可先行試沾於食材，如果覺得附著性不足，可加少許麵粉調整，濃度我想跟果糖差不多。）

② 巴沙米哥葡萄醋與蜂蜜以約 3：2 的比例放入鍋中，熬煮至原本 2/3 的量成蜜醋汁，放涼備用。

③ 將海鮮以鹽、蒜碎，略為醃漬後沾上中筋麵粉，再沾啤酒麵糊油炸即可。裝盤後蜜醋汁可淋可沾。

麵糊膨脹原理是利用啤酒中的氣泡，因此攪拌時須小心，擔心失敗也可於麵粉中加少量泡打粉穩定麵糊品質。

南義風味
橄欖油漬小章魚

一般餐廳不會賣的家庭開胃菜，自己動手做做看，最適合炎炎夏日。

材料（4 人份）

章魚……喜歡的量
白蘿蔔……適量
蒜片……喜歡多加
洋蔥絲……1/4 顆
西洋芹絲……1 根
紅蘿蔔絲……適量
小蕃茄……數顆
黑橄欖切片……數顆
羅曼生菜……視個人而定
橄欖油……適量
檸檬汁……適量
鹽與胡椒……適量

做法

① 先將切好的洋蔥絲、西洋芹絲、
紅蘿蔔絲小蕃茄等與生菜洗淨，
放入冰箱冰鎮。

② 切幾片白蘿蔔，和水一起放入
鍋中，因為白蘿蔔內的酵素可以
軟化肉質，讓章魚吃起來更柔
嫩。煮沸後，將章魚放入鍋中煮
約 10 分鐘，續將章魚加蓋悶約
5~20 分鐘（看章魚大小），完
成後撈起放至微溫，切片備用。

③ 將洗淨生菜放於沙拉盤上並
放入黑橄欖，淋上橄欖油與檸
檬汁。拌勻後抓一把蒜片與微
溫的章魚撒在生菜上，再淋上
橄欖油與檸檬汁並撒上鹽與
胡椒即完成。橄欖油與檸檬汁
淋上二次是不是太多？厚！你覺
得豪爽的義大利人會用量匙做
菜嗎？至少我認識的老義……
不會。

處理章魚好像很麻煩，其實做了就知道不會很麻煩，習慣就好。章魚頭部與身體聯結處有條縫，翻開取出內臟用鹽搓揉將章魚身上的黏液洗掉，如果家中有空酒瓶或去皮的白蘿蔔（建議使用）敲打章魚，讓肉變鬆弛。

香料醋醃魚排

這是一道義大利常見的簡單家常菜,因為作工簡單、口味討喜,所以適合宴客。

材料

①

白醋或蘋果醋……200 公克
　（大約是 1 飯碗的量）
水……100 公克
橄欖油……適量
蒜碎……適量
洋蔥碎……適量
紅辣椒去籽……適量
蔥段……適量
荷蘭芹(巴西利)末……不用太多
鹽……不用太多
月桂葉……1 片

②

白魚肉……600 公克
麵粉……100 公克
起士粉……適量
蛋……3 顆
荷蘭芹(巴西利)……1 湯匙
鹽與白胡椒……適量
白葡萄酒……夠去腥味就好

做法

① 橄欖油加熱後炒香蒜碎、洋蔥碎、紅辣椒、蔥段、醋、水,並加荷蘭芹末,鹽、月桂葉煮沸後放涼成香料醋,備用。
　建議醋與水的比例為 2:1 較適當,不喜歡太酸也可以 1:2 的比例加入鍋子。酸一點比較容易保存,加少許鹽則可中和酸味。

② 將麵粉與起士粉和荷蘭芹混合,把魚片二面充分沾上後,再沾上蛋液放入鍋子煎熟。

③ 取一深碗將熟魚片放入,將香料醋倒入,放入冰箱冷藏庫醃約 1 日,讓魚肉充分入味,上桌前將醋與香辛料去除即可。

義大利麵

Pasta

想煮一手好麵，得要先了解
義大利麵的特性與用途。

Pasta 種類

據說義大利麵有 500 多種，如果加上各地工匠手工製作更可多達 1000 種，義大利麵可說是義大利人展現想像力所創造出最重要的食材。

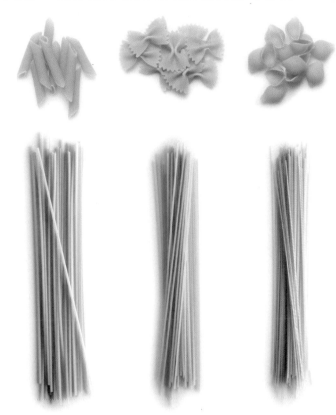

一般而言義大利麵分成 3 大類型：

1

長形義大利麵

Spaghetti 是一般最常見也最為一般人接受，其它如 Pappardelle 特寬麵其寬廣更可達 2~4 公分以上，當然還有其它較小型的寬麵，如 Linguine Ziti，其使用方式與搭配方式也各不相同，同樣的義大利麵也會因長度或直徑大小的不同，而有不同的稱呼與編號。

2

短形義大利麵

短形義大利麵的形狀變化更為豐富，短形麵還可以分為沙拉、焗烤、製湯、熱炒等各種不同用途，當然還有騙小朋友專用的各色各樣可愛的麵，像是數字、星星、卡通造型等等。

男人必知的煮麵時間

不同的麵條所需時間不同，除手工麵較為快速，包裝麵大多較為費時。煮麵所需水量不需特別量秤，多加一些煮麵也較為容易。

分量：500 公克，約 4 人份
義大利麵 Spaghetti......(7 分鐘)
斜管麵 Penne......(7 分鐘)
蝴蝶麵 Farfalle......(7 分鐘)
墨魚麵 Squid ink......(6 分鐘)
千層麵 Lasange......(6 分鐘)
洋芋麵 Potato gnocchi......(7 分鐘)
貝殼麵 conchiglie......(7 分鐘)
水管麵 Macaroni......(7 分鐘)
針孔麵 bucatinii......(6 分鐘)
天使髮 Angel hair......(3~5 分鐘)
（手工麵水煮約 2~3 分鐘就行）

3

麵餃

麵餃是北義大利常做的義大利麵，當然內餡與臺灣的水餃可大大的不同，如起士蔬菜燉肉、海鮮等。型狀也大異其趣，正方形、長方形、半月形。不管何種義大利麵，用粗粒小麥粉製作義大利麵的品質最為優良，也最為一般人接受。

把麵粉、蛋、油、鹽混合
倒入攪拌器裡攪拌均勻，
或用手揉也行。

將麵團取出後覆蓋上溼
布醒麵約 30 分鐘。

用製麵機將麵團桿成麵
皮，大約像 CD 唱片的厚
度，當然薄一些也行。

然後用刀切成所需寬度
即可，切起來歪歪扭扭
的，當然，這可是手工麵！

手工 Pasta 製作

照圖片步驟慢慢將它完成，挑個陽光午後與家人為晚餐加油。

材料
中筋麵粉……500 公克
蛋……4~5 顆
油……1 匙
塩……1 匙
橄欖油……適量

煮麵技巧

型男酷爸們動手吧！會做菜的男人真的很酷，也超受歡迎！

準備器具：
深湯鍋
水
海鹽或食鹽

將水注入湯鍋煮沸並加入鹽巴，分量就是在鹽巴入水後嚐一下，感覺有一些太鹹就沒錯，這樣就對了！義大利人煮麵時喜愛添加海鹽，一方面較為天然，另一方面較為健康。

把麵投入沸水中。長形麵以放射狀放入，短形麵不拘。沸水加入麵條後水溫會略微下降，待水再次沸騰後才開始計時。

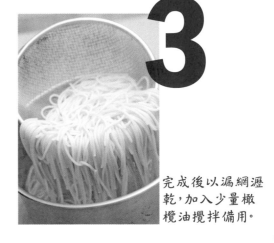

完成後以漏網瀝乾，加入少量橄欖油攪拌備用。

基礎醬汁製作

製作義大利麵當然要醬汁，仔細看，小心煮，你也是大廚。

麵糊 Roux

製作西餐濃湯與奶油醬汁勾芡必要條件，可預先製作常溫下可放置一週左右

材料：

無鹽奶油或沙拉油、中筋麵粉

做法：

將黃奶油或沙拉油加熱至冒煙的狀態後，"關火"再將中筋麵粉分二次加入，第一次加入時麵粉會沸騰要特別小心緊接著拌炒，二次加入時開小火小心拌炒，別讓它燒焦，完成時會有類似麵茶的香味。

注意：油要熱，炒麵粉才不會有油臭味，奶油耐溫低，千萬別燒焦。

奶油醬汁 Cream sauce

製作基本的奶油麵醬汁

材料：

無鹽奶油或沙拉油、大蒜、洋蔥、動物性鮮奶油、水或高湯、麵糊

做法：

① 將大蒜、洋蔥入鍋炒香，倒入鮮奶油並加水或高湯以小火慢煮保持不沸騰的狀態。

② 準備一攪拌盆，將麵糊放入，並加入水或高湯拌勻，麵糊準備好後保持冒煙而不沸騰的狀態，或先行關火並加入麵糊，將麵糊分二次加入以調整濃度，以小火煮沸，別忘記不時的攪拌，你會發現醬汁越來越稠。

③ 調味方式以塩：糖＝1:4 的比例為主，也可依個人喜好調整。

④ 鮮奶油與水或高湯的比例約 1:1，上手後也可調為 2:1。

⑤ 奶油醬濃度過低時將步驟②再重複一次，此時應再加入鮮奶油以調整比例。

青醬 Pesto sauce

熱那亞風味又稱青醬，用於義大利麵、海鮮料理、pizza、湯等，香味濃郁，是義大利料理中不可缺乏的一角。

材料：
橄欖油、大蒜碎、九層塔、松子、帕馬森起士

做法：
將橄欖油倒入果汁機放入冰箱冷藏約 15 分鐘後，加入大蒜碎、九層塔、松子、帕馬森起士，一同攪勻即可。

如果先放材料再放油會攪不碎，因為果汁機的刀頭會被材料所包覆，將橄欖油冷藏可降低攪拌時摩擦所產生的熱能，這可會影響青醬的風味。

蕃茄醬 Tomato sauce

蕃茄口味的義大利麵、pizza 的醬汁或蕃茄蔬菜湯大多由此延伸。

材料：
橄欖油、大蒜碎、洋蔥丁、罐裝去皮蕃茄、俄力岡、百里香、九層塔、塩、白胡椒

做法：
① 將大蒜碎、洋蔥丁以橄欖油炒香加入以手捏碎的去皮蕃茄，小火慢煮。
② 加入俄力岡、百里香、九層塔、塩、白胡椒，香料不可用油爆香，會讓香料變質且燒焦所有材料入鍋後小火慢煮沸騰即可，喜歡有點奶油香的話也可加入少許的無鹽奶油，跟奶油醬相比簡單多了。

春季阿爾卑斯

白色的鮮奶油代表了春季的融雪，綠花椰菜泥與蕃茄表示春季阿爾卑斯山的草地與花朵，這是一道女生都會喜歡的菜。

材料（4 人份）

水……蓋過蔬菜就行
綠花椰菜……1 大顆
橄欖油……適量
大蒜……適量
洋蔥……適量
雞胸肉丁……喜好的量
小蕃茄……數顆
動物性鮮奶油……720 公克
天使髮或義大利麵……1 包
　（先煮好）

做法

① 綠花椰菜去除外皮切成小塊後洗淨，放入果汁機加水攪碎後，過濾水分留下菜泥！

② 橄欖油、大蒜、洋蔥炒香，將雞肉略煎微熟，加入鮮奶油與花椰菜泥，將雞肉煮熟放入義大利麵與小蕃茄翻炒即可囃了，別忘了調味。

注意！別將花椰菜打太久，打成菜汁！

生氣的人義大利麵

生氣的人意指不嗜辣的人吃了這道辣麵，臉紅脖子粗的樣子。

材料（4 人份）

橄欖油……適量
大蒜……適量
鯷魚……數尾
洋蔥……適量
黑橄欖……適量
酸豆……適量
乾辣椒粉……適量
基礎蕃茄醬汁……700 公克
斜管麵……1 包（先煮好）

做法

① 以沸水先將斜管麵煮熟
　備用，煮約 7 分鐘。

② 橄欖油炒香大蒜鯷魚、
　洋蔥加入基礎蕃茄醬
　汁，放入黑橄欖、酸豆、
　乾辣椒粉，以小火熬煮，
　並加入白胡椒。最後將
　先前煮妥的斜管麵放入
　鍋中拌炒，完成後裝盤，
　撒上起士粉即可。

這是一道傳統的義大利
麵，可否加海鮮？我想不
加會比較道地。這是我
進入專業義大利料理所
學的第一道義大利麵，很
酸，很鹹，很辣，很美味，
重口味的麵搭配斜管麵
最好吃。

老奶奶烘蛋麵

這道菜簡單又受歡迎，在義大利這可是道家常菜，
最適夏日週末的午後，尤其家中有小朋友的。

材料（4 人份）

橄欖油……適量
洋蔥……適量
青椒……適量
洋菇……適量
培根或香腸……喜好的量
蛋……8 顆
動物性鮮奶油……200 公克
帕馬森起士粉……適量
長形的義大利麵……1 包（先煮好）
蕃茄醬……適量
（吃漢堡薯條的那種）
鹽……適量

做法

① 將蛋、鮮奶油、鹽與帕馬森起士粉
放入碗中攪拌，將洋蔥、青椒、洋菇、
培根與義大利麵放入攪拌（每人份
蛋 2 顆）。

② 取一不沾鍋倒入橄欖油燒熱後，把
攪拌好的麵料倒入鍋子，煎至二面
金黃，加上蕃茄醬就很美味。

鄉村燉蔬菜義大利

在午後享受蔬菜與陽光的味道最迷人，因為有陽光撒落。

材料（4 人份）

橄欖油……適量
大蒜……適量
洋蔥……1/2 顆
紅蘿蔔……1/2 根
彩椒……各 1 小顆
茄子……1 根
甜豆……1 把
基礎蕃茄醬汁……700 公克
長形的義大利麵……1 包（先煮好）
九層塔……適量

做法

① 將橄欖油與大蒜爆香，洋蔥、紅蘿蔔、彩椒與茄子入鍋，並放入基礎蕃茄醬汁熬煮至所有蔬菜軟嫩即可。

② 煮好的義大利麵倒入鍋中，並加入甜豆翻炒就可裝盤了。別忘記！加上大量的起士粉，將九層塔切絲灑在麵上，就完成秋日氣氛濃厚的蔬菜麵了。

藍紋起士雞肉麵

這是在寒冷的冬天裡最能融化人心的一道麵。

材料（4 人份）

義大利藍紋起士 Gorgonzola……50 公克
動物性鮮奶油……720 公克
義大利麵……1 包（先煮好）
雞肉片……喜好的量
橄欖油……適量
洋蔥……1 / 2 顆
蘆筍……數根
洋菇……數朵
小蕃茄……數顆
白葡萄酒……適量

做法

① 橄欖油炒洋蔥，並將雞肉入鍋煎至表皮微黃。
② 接著倒入白葡萄酒，將酒收乾後，放入動物性鮮奶油入鍋以小火煮藍紋起士。
③ 起士煮溶後，把蘆筍、洋菇、小蕃茄等蔬菜放入並加入預先煮好的義大利麵拌炒調味即可。

藍紋起士麵問世僅數十年，但卻深得義大利人的喜愛。食用這麵食要注意起士粉別加太多，醬汁會太乾，這是一道適合秋、冬的料理，邀請好朋友一起共享吧！

蕃茄燉肉特寬麵

這是我最愛的菜色，麵煮的軟Q，肉燉的軟爛，然後一口麵、一口肉，一口麵、一口肉……

材料（4人份）

橄欖油……適量
大蒜……適量
洋蔥……1顆
紅蘿蔔……1/2根
西洋芹……數根
月桂葉……2片
迷迭香……適量
白胡椒……適量
牛腩或羊腩……600公克
麵粉……適量
紅葡萄酒……可以加很多
基礎蕃茄醬汁……750公克
高湯或水……250公克
特寬麵……請參考手工Pasta
　製作。市售中寬包裝麵也不
　錯。（先煮好）

做法

① 將洋蔥、紅蘿蔔、西洋芹切丁
　以大蒜炒香。
② 放入高湯或水，加入基礎蕃
　茄醬汁與白胡椒、月桂葉、迷
　迭香中大火煮沸。
③ 牛腩或羊腩切塊，沾麵粉
　油煎表皮酥黃即可。
④ 牛腩加入沸騰的湯中，並加
　入紅葡萄酒，邊煮邊撈出血
　渣，燉煮約二小時即可。
⑤ 把預先煮好的麵條放入燉
　肉醬中拌炒即可。

並非每一道義大利麵都是Q彈有勁，以燉肉麵來說，就很適合將麵煮的軟爛。

燉肉時間較長，建議烹煮時可以多煮一些，量多容易控制品質，而且想吃隨時都方便。

材料（2 人份）
橄欖油或無鹽奶油……適量
大蒜……適量
彩椒……各 1/2 小顆
洋蔥……1/2 顆
酸豆……適量
蝦子……喜歡就多放點
白葡萄酒……喜好的量
動物性鮮奶油……720 公克
細義大利麵……1 包
（先煮好）
荷蘭芹(巴西利)……適量
九層塔……適量
鹽……適量

卡佩里尼鮮蝦
義大利麵

一般人多覺得奶油麵膩口，那絕對要來試試卡佩里尼，這可是一位美籍義裔主廚的拿手菜。

做法

① 以橄欖油炒香洋蔥、大蒜、彩椒與酸豆，後加入蝦子略炒。

② 倒入白葡萄酒，收乾並加鮮奶油，就可將預煮的細義大利麵加入翻炒。細義大利麵指的是比一般義大利麵較細，但又比天使髮粗一點的麵！找不到就隨意吧！

③ 最後調味。裝盤後撒一點荷蘭芹，乾的，新鮮的皆可。

蝦仁的處理手法

1

將蝦頭摘除並去除蝦殼

2
將除殼蝦仁背後劃刀去除腸泥

3
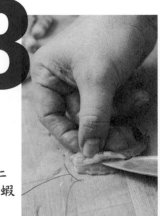
將處理好的蝦仁略洗，並注意蝦仁是否新鮮

將馬鈴薯去皮,以冷水加少量塩煮軟,撈起瀝乾。

趁馬鈴薯還未涼透,將馬鈴薯搗碎。

加入中筋麵粉與蛋,和成麵團。

蕃茄起士洋芋麵

傳統的義大利人習慣在星期四享用洋芋麵。這是一般常見的義大利家庭菜色,捲起袖子來挑戰看看吧!

材料(2 人份)

①
馬鈴薯……250 公克
中筋麵粉……50 公克
蛋……1 顆
②
大蒜……1 顆
九層塔……適量
橄欖油……適量
洋蔥……適量
白葡萄酒……適量
基礎蕃茄醬汁……380 公克
動物性鮮奶油……適量

把麵團揉成細條後切小塊。　　以叉子稍壓滾，燙熟備用。

做法

大蒜及洋蔥以橄欖油炒香，加脫皮蕃茄與鮮奶油。煮沸後將洋芋麵與九層塔，白酒一起翻炒調味即可。(義大利人喜歡加大量起士粉食用)。

馬鈴薯與麵粉的最佳比例約5：1或4:1。麵粉太多吃起來會很像九份名產芋圓，所以要小心比例。另外也可將去皮蒸熟的南瓜代替馬鈴薯，製作南瓜麵。

啤酒蒸蛤蜊義大利麵

蛤蜊不一定非得配葡萄酒，換成啤酒也不賴。啤酒花的香氣聞的到，啤酒的苦與甘吃的到。

材料（4人份）

橄欖油⋯⋯適量
大蒜⋯⋯適量
九層塔⋯⋯適量
洋蔥⋯⋯1/4顆
蛤蜊⋯⋯300公克
甜豆⋯⋯抓1把
小蕃茄⋯⋯抓1把
啤酒⋯⋯來1杯
高湯或水⋯⋯少少
義大利麵⋯⋯1包（先煮好）

做法

① 橄欖油、大蒜、洋蔥炒香，加入蛤蜊與啤酒蓋上鍋蓋蒸煮一下。

② 待蛤蜊微開，甜豆、小蕃茄、義大利麵和九層塔一起入鍋調味，翻炒一下就OK。喜歡多種海鮮的話，建議使用軟體類與蚌殼類，如花枝、淡菜。

倫巴底奶油堅果肉醬麵

其實在義大利，肉醬麵不一定都是蕃茄口味，嚐嚐奶油風味的肉醬麵，或許你也會喜歡。

材料（4~6人份）

橄欖油……少量
蒜末……適量
紅蘿蔔丁……1/2 顆
洋蔥丁……1/2 顆
西洋芹菜丁……數根
牛肉（絞肉）……600 公克
基礎蕃茄醬汁……200 公克
迷迭香……少量
百里香……少量
鹽……少量

白胡椒……少量
紅葡萄酒……適量
高湯或水……250 公克
動物性鮮奶油……1000 公克
杏仁或各類堅果碎……先以烤箱烘烤
義大利麵或手工麵……500~700 公克（先煮好）

做法

① 蒜末、洋蔥丁、紅蘿蔔丁、西洋芹菜丁，以橄欖油炒香，並加入牛肉炒熟。

② 緊接著加入葡萄酒略煮，沸騰後，倒入蕃茄醬汁熬煮，然後將其餘香料倒入鍋中，熬煮約 30 分鐘後加入鮮奶油，煮至肉軟爛即可。建議牛肉的烹煮分量加大較為容易控制品質，熬煮時可以運用高湯或水調整濃度。

③ 取適當的肉醬入鍋，將預煮好的義大利麵放入翻炒並加入鹽、白胡椒調味，裝盤後撒上碎堅果。

烤大蒜蕃茄義大利麵

懶的出門買晚餐，就來道簡單又上手的義大利麵吧！

材料（2人份）

橄欖油……較多的量
大蒜……十數顆
小蕃茄……約 20 顆
百里香……少量
九層塔……適量
義大利麵……1/2 包
（先煮好）
黑橄欖……適量
鹽……少量

① 取一深烤盤倒入橄
欖油，浸泡大蒜與小
蕃茄，以約 120 度的
烤箱將大蒜與小蕃茄
烤香備用，蕃茄烤好
的外觀會有點緊縮或
表面帶點焦焦的。

② 取一平底鍋，將烤好
的大蒜、小蕃茄及百里
香放入後開火，將義大
利麵放入拌炒與調味，
趁起鍋前將九層塔撕
碎丟入翻一下就 OK
了！

③ 喜歡黑橄欖的話，多
放一些也不賴！橄欖
油多加些，吃的時候
多咀嚼幾下會有意想
不到的滋味！

材料（2 人份）

橄欖油……適量
洋蔥……適量
大蒜……適量
迷迭香……少量
牛肉絲／片……150 公克
小蕃茄……抓 1 把
基礎蕃茄醬汁……360 公克
綠花椰菜……適量
甜豆莢……抓 1 把
紅葡萄酒……煮了會香的量
義大利麵……1/2 包（先煮好）

做法

① 牛肉以大蒜、迷迭香與橄欖油醃
　泡約 30 分鐘，入鍋前沾麵粉。
② 橄欖油入鍋加熱，放入大蒜、綠
　花椰菜、甜豆莢與洋蔥炒軟後，
　加入迷迭香、牛肉以及葡萄酒，並
　稍微收乾。
③ 最後蕃茄醬汁與義大利麵入鍋，
　盤子準備好了嗎？

迷迭香牛肉義大利麵

節日時準備一瓶紅酒，拿一些來煮迷迭香牛肉，剩下的準備二只紅酒杯，與情人乾杯。
這是我在淡水工作時，外籍教師的最愛！

如何煮出美味的義大利麵？如何選取所需
的分量？在此提供一些方法。
1 包義大利包裝麵 500 公克約供 4~5 人份
享用，1 人份蕃茄醬汁約 1 飯碗的量，約
180 公克，奶油醬汁也差不多如此。
燉煮肉類的時候，肉與醬的分量可稍微多一

些，如肉片 600 公克約 1 台斤，搭配約
1200~1800 公克的奶油醬或番茄醬。因為
分量太小，烹煮時受熱快，醬易燒乾，肉易
燒焦，量多燉煮不僅方便，成功率也高。

熱那亞青醬風味
培根義大利麵

這是與洋蔥湯很相配的青醬麵，試試吧！

材料（2 人份）

九層塔……100 公克
大蒜……1 顆
松子……少許
橄欖油……適量
起士粉……適個人而定
洋蔥……適量
大蒜……數片
培根……喜好的量
義大利麵……1/2 包
（先煮好）
高湯或水……適量
鹽……適量

做法

① 將橄欖油倒入果汁機放入冰箱，橄欖油冷卻後把九層塔、大蒜、松子依次加入。將橄欖油事先冷卻是為了防止攪打過程溫度過高，溫度過高會產生油臭味。先加入九層塔再加油會有攪不碎及顆粒太粗的現象。

② 橄欖油與大蒜用小火爆香後，加入培根略炒。

③ 加入煮熟義大利麵拌炒，加適量煮麵水保持濕潤。調味後熄火，再加入一匙青醬與起士粉拌勻，美味義大利麵就完成了。

義大利南瓜手工麵餃

義大利人也吃水餃，外型與吃法跟台灣大不相同，很有趣。

材料（4 人份）

南瓜……1 顆
中筋麵粉……500 公克
蛋……1 顆
油……1 匙
塩……1 匙
大蒜……適量
洋蔥丁……適量
動物性鮮奶油……200cc
九層塔……少許
巴西利……少許
俄力岡……少許

將南瓜煮熟，搗碎放涼。

參考基礎手工麵製作步驟，麵團桿成麵皮。

在麵皮上等距離放上一湯匙的南瓜泥。

在南瓜泥周圍塗上蛋液，再覆蓋上另一層麵皮。

用滾刀壓緊封口，切成等分的方形。

起一鍋滾水，把方餃燙熟備用。

在平底鍋內把大蒜、洋蔥爆香，加入鮮奶油與方餃，翻炒後加入九層塔、俄力岡、鹽調味，拌炒起鍋裝盤，撒上巴西利，即成美味的義式方餃。

起士花椰菜雞肉焗烤麵

來一道又香又濃的焗烤麵吧！容易又好吃。

材料（2 人份）

無鹽奶油……少量
基礎奶油醬汁……250 公克
大蒜……適量
洋蔥丁……1/2 顆
綠花椰菜……適量
雞肉丁……適量
短形義大利麵……1/2 包
（先煮好）
莫札瑞拉起士……適量
白葡萄酒……適量

做法

① 短形麵預先煮好備用。
② 無鹽奶油加熱溶化，加入大蒜、洋蔥丁炒香後放入雞肉及花椰菜。
③ 待肉半熟，倒入少許白酒並收乾，加入奶油麵醬汁與短形麵翻炒並調味。
④ 盛入烤碗加上起士，放入烤箱以 180 度烤至金黃就可享用。

鮪魚海洋風味焗烤麵

簡單運用罐頭鮪魚，就能煮出好味道。

材料（2 人份）

橄欖油……少量
蒜末……適量
洋蔥丁……1/2 顆
罐頭鮪魚……適量
水煮蛋……2 顆
奶油醬汁……360 公克
短形義大利麵……1/2 包
（先煮好）
莫札瑞拉起士……適量

做法

① 先煮水煮蛋。取一小鍋將蛋放入，加入冷水（要蓋住蛋）與 1 小撮鹽巴，並加 1 湯匙醋。以小火慢煮，待水沸騰後，計時約 12 分鐘蛋就熟了。將蛋取出以冷水（加冰塊也行）浸泡並去殼，完成後放涼備用。
② 橄欖油加熱，加入蒜末、洋蔥丁，炒香後放入鮪魚並加入奶油醬汁與義大利麵翻炒。
③ 將麵放入烤碗，並將水煮蛋切片鋪上，然後加上起士放入 180 度烤箱烤至金黃即可。

雙味起士鮮蝦焗烤麵

以焗烤麵來說這道麵口味較重,適合不喜歡奶油醬的人享用。

材料（2 人份）

無鹽奶油……少量
基礎蕃茄醬汁……250 公克
大蒜……適量
洋蔥丁……1/2 顆
荷蘭芹末……適量
乾辣椒粉……少許
蝦仁……適量
短形義大利麵……1/2 包
（先煮好）
莫札瑞拉起士……適量
荷蘭煙燻起士片……適量
白葡萄酒……適量

做法

① 短形麵預先煮好備用。
② 無鹽奶油加熱溶化,加入大
　蒜、洋蔥丁,炒香後放入蝦仁、
　乾辣椒粉與荷蘭芹末炒一下。
③ 倒入少許白酒並收乾,加入蕃
　茄醬與短形麵,翻炒並調味。
④ 完成後盛入烤碗加上起士,
　放入烤箱以 180 度烤至金黃
　就可。

注意,翻炒蝦仁時要控制
在 8 分熟左右,因為入烤
箱烘烤蝦仁會繼續加熱,
過熟的話就縮得太小也
太硬。

披薩

Pizza

今日披薩種類很多，像瑪格麗塔披薩是以
十九世紀的義大利王妃命名，拿波里特產
的口袋披薩，就是將餡料包在麵皮中的特
色披薩。

在義大利有著南薄北厚的特色，不管是厚
披薩或是薄披薩，大多使用耐熱石窯製成
的烤爐，再用相思木來當燃料。烘烤的
披薩不論是色澤與速度都比一般電爐烤箱
來的更好，更不用說那淡淡的焦味與木頭
香。

待水與乾燥酵母發生效用（水會混濁且產生氣泡）。

先加入中筋麵粉、水、酵母，再加入塩、橄欖油、蛋放置大碗中。

攪拌均勻放置約 5~20 分鐘。

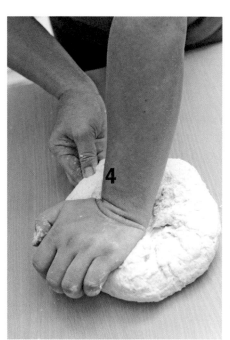

手揉至麵皮光滑。

材料

中筋麵粉……400 公克
低筋麵粉……100 公克
水……250 公克
乾燥酵母……20 公克
塩……10 公克
橄欖油……20 公克
蛋……1 顆

基礎麵團製作

基礎麵團製作，考驗著各位男士們的臂力，下面的麵團配方可以製作出 5 個脆皮 pizza。這麼一點點麵粉你別告訴我，要用攪拌器，捲起袖子動手吧！

蓋上濕布進行一次發酵。約 30 分鐘後，麵團會膨脹約 0.5 倍大。

以刀子在麵團表面劃上十字，進行分切。

將分成四分的麵團再次整圓。

進行二次發酵，放入冰箱約 30~45 分鐘即可使用。

基礎披薩醬汁
Pizza sauce

揉好了基礎麵團，等待發酵的時間足夠完成 Pizza sauce，不會花太多時間。

1

大蒜與洋蔥先以橄欖油爆香。

2

加入脫皮蕃茄、俄力岡、九層塔、洋蔥丁一起熬煮。

材料

大蒜……1 顆

橄欖油……適量

洋蔥丁……適量

罐裝脫皮蕃茄……300 公克

俄力岡……少許

九層塔……適量

3

熬煮完成後，放涼備用。

材料

基礎麵團……1 顆約 150 公克
洋蔥絲……適量
橄欖油……適量
俄力岡……少許
莫札瑞拉起士……適量
煙燻起士……適量
Pizza sauce……約 100 克

做法

① 基礎麵團以桿麵棍桿平。
② 取一烤盤塗橄欖油並放入麵皮，於麵皮上塗抹已備好的蕃茄醬，鋪上莫札瑞拉起士與煙燻起士再撒上洋蔥絲增加甜味，放入上火 200 度、下火 180 度的烤箱，烘烤約 8~12 分鐘或烤至金黃色，美味 pizza 出爐了！

煙燻起士種類、大小相當多樣，很多起士專櫃更有提供試吃。挑個喜歡的口味將它完成吧！

煙燻起士雞肉 Pizza

來罐啤酒吧！這就是夏天專屬的樂趣！

辣鯷魚海鮮 Pizza

純正南義風情，試看看義大利鹹魚的滋味。

材料

基礎麵團……1 顆約 150 公克
Pizza sauce……約 100 公克
各式海鮮……墨魚、蝦子、蛤蜊等
洋蔥絲……適量
乾辣椒粉……適量
黑橄欖……適量
莫札瑞拉起士……適量
鯷魚……適量

做法

① 基礎麵團以桿麵棍桿平，取一烤盤塗橄欖油並放入麵皮。
② 於麵皮上塗抹已備好的蕃茄醬，鋪上莫札瑞拉起士與海鮮，並擺上鯷魚，撒上乾辣椒粉，接著放上增加甜味的洋蔥絲。
③ 放入上火 200 度、下火 180 度的烤箱，烘烤約 8~12 分鐘或烤至金黃色即可。另外可加上由巴沙米哥醋製作的蜜醋汁淋於 pizza，味道更佳。

肉球 Pizza

放越多肉球,越能享受大口吃肉的快感。

材料

基礎麵團……1 顆約 150 公克
Pizza sauce……約 100 公克
洋菇片……適量
青椒絲……適量
牛肉(絞肉)……100 公克
洋蔥絲……少許
紅蘿蔔碎……少許
蛋……1 顆
洋蔥粉……少許
小茴香粉……少許
麵包粉……30 公克
動物性鮮奶油……20 公克
莫札瑞拉起士……適量
芫荽粉……少許
大蒜……適量

做法

① 大蒜、洋蔥絲、紅蘿蔔碎炒熟放涼,加入絞肉、麵包粉、蛋、洋蔥粉、小茴香粉、芫荽粉與動物性鮮奶油,攪拌均勻放置約 20 分鐘,讓絞肉充分入味,熟成備用。

② 基礎麵團以桿麵棍桿平,取一烤盤塗橄欖油並放入麵皮,於麵皮上塗抹已備好的蕃茄醬,鋪上莫札瑞拉起士,並擺上洋菇片、青椒絲。

③ 將準備好的牛絞肉捏成等大小的肉球或塊,直接放上去。喜歡口感有點變化的話,來點德式香腸也不賴!

④ 把 pizza 放入上火 200 度、下火 180 度的烤箱,烘烤約 8~12 分鐘或烤至金黃色即可。

熱那亞海鮮 Pizza

散發著海洋的香氣,享受著陽光的氣息。

材料

基礎麵團……1 顆約 150 公克
Pizza sauce……約 100 公克
小蕃茄對切……適量
海鮮料……喜歡的都加進來
白葡萄酒……不會醉就好
莫札瑞拉起士……適量
青醬……適量
大蒜……適量
黑橄欖……適量
洋蔥絲……適量

做法

① 海鮮料用白葡萄酒與大蒜醃一下下,使用前要瀝乾。

② 基礎麵團以桿麵棍桿平,取一烤盤塗橄欖油並放入麵皮,放上 Pizza sauce 與莫札瑞拉起士,加入洋蔥絲、黑橄欖、小蕃茄與海鮮。

③ 進烤箱以 180 度將 Pizza 烤熟後,加上青醬即可。注意!青醬要用淋的,如果用烤的風味會差很多!

口袋
Pizza

口袋 pizza 的餡料並無一定，只要是你喜歡的材料都可試試看，發揮你的創意，將大地的恩賜，都放進袋子中吧！

1

大蒜以橄欖油炒香後，將洋菇、與彩椒放入略炒，加入 Pizza sauce 與水將蔬菜一同煮至鬆軟放涼備用。

2

基礎麵團以桿麵棍桿平，將放涼的蔬菜放入，並加莫札瑞拉起士。

3

對折封口，並把麵皮邊緣稍微捲起。

4

移至塗了橄欖油的烤盤上，放入上火 200 度、下火 180 度的烤箱，烘烤約 8~12 分鐘，或烤至 Pizza 呈半球狀且色澤焦黃色即可。

材料

基礎麵團⋯⋯1 顆約 150 公克
Pizza sauce⋯⋯約 150 公克
水⋯⋯適量
橄欖油⋯⋯適量
大蒜⋯⋯適量
洋菇片⋯⋯適量
彩椒切塊⋯⋯1/4 顆
洋蔥絲⋯⋯1/4 顆

主菜和排餐

Main dish & Steak

經過湯、沙拉與義大利麵的磨練,想必廚藝精
進不少,準備好接受挑戰了嗎?

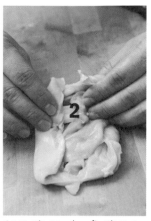

將切好的蔬菜條先以熱水煮過，放涼備用。雞胸肉平放砧板上以「之」字形切法，也就是上 1/3 處橫切一刀。

翻面後下 1/3 處橫反向切一刀，將雞肉切成一大片攤開並將蔬菜條適量放入。

培根擺放成米字狀，肉捲開口朝上置於培根上方，培根以順時或逆時鐘方向將肉捲包覆完成後，將培根以牙籤固定。

取少量橄欖油與蒜頭入鍋，將肉捲放入鍋內（牙籤朝下）以小火煎至金黃。將雞肉翻動繼續煎至所有表皮金黃，此時雞肉尚未全熟，倒入白葡萄酒與蕃茄醬汁，加上鍋蓋悶煮至熟即可。

培根雞肉蔬菜捲

來一客油滋滋香噴噴的雞肉捲，快把哥們都叫來，順便帶瓶不甜的「白酒」。

材料（2 人份）

橄欖油……少量
蒜頭……適量
紅蘿蔔條……1/4 顆
洋蔥絲……1/4 顆
西洋芹菜條……適量

雞胸肉……2 片
培根……6~8 條
白葡萄酒……適量
基礎蕃茄醬汁……360 公克

惡魔辣味烤半雞 佐燉蔬菜

匈牙利紅椒粉其實只能算香而稱不上辣。惡魔我想指的是顏色吧！
真的喜歡吃辣的人，加點細紅辣椒粉一起混合應該不錯喔！

材料

蒜碎……適量
洋蔥丁……適量
紅蘿蔔丁……1/2 根
西洋芹丁……數根
匈牙利紅椒粉……1 大匙
基礎蕃茄醬汁……150 公克
橄欖油……適量
彩椒……各 1 小顆
檸檬……1 顆
鹽……適量
半雞……1 隻

做法

① 蒜碎加匈牙利紅椒粉、鹽
　與蕃茄醬汁混合，塗抹於
　雞肉上備用。

② 洋蔥丁、紅蘿蔔丁、西洋芹
　丁切碎鋪於烤盤上，將雞
　肉放在蔬菜上，送入上火
　150 度下火 180 度的烤箱，
　烤約 40~60 分鐘，至表面
　呈金黃色即可。

③ 將橄欖油與蒜碎爆香，洋
　蔥與彩椒入鍋，並放入基
　礎蕃茄醬汁熬煮至所有蔬
　菜軟嫩即可。

④ 將雞肉放於盤中附上檸檬
　塊，盤邊加上燉蔬菜就完
　成了。沒有大烤箱的話用微
　波爐來烤也行，雞肉熟後
　用麵包小烤箱上色味道也
　不差。

馬斯卡彭起士雞肉捲

馬斯卡彭起士的脂肪較一般起士低，大多用於甜點，因脂肪低所以很受女性喜愛。勇士們想討好心上人的歡心，試試這道馬斯卡彭起士雞肉捲吧！

材料

雞骨或魚骨……1 斤
蒜頭……幾顆
紅蘿蔔……1 根
洋蔥……1 顆
西洋芹菜……數根
水……3 公升
月桂葉……3～5 片
白葡萄酒……隨意，以不會醉為原則
鹽……適量
馬斯卡彭起士……2 大匙
鮮奶油……2 大匙
奶油醬汁……做法請見 44 頁
九層塔……一小把
荷蘭芹……少量
百里香……少量

1

九層塔、荷蘭芹與百里香混合切碎,並與起士和鮮奶油拌勻備用。

2

雞胸肉平放砧板上,以「之」字形切法,與雞肉蔬菜捲相同,將混合好的香料起士抹在肉上。

3

先將左右內摺再將雞肉捲起。

4

準備一張鋁箔紙將肉放上,將肉捲起二頭扭緊像捲糖果紙一樣,小心別將鋁箔紙捲破。

5

準備一鍋沸水,將雞肉捲放入熱水煮15分鐘。利用煮肉捲的時間將奶油醬汁入鍋加熱,並加少許鮮奶油、鹽。將準備好的醬汁鋪於盤底。肉捲差不多也該煮熟了,小心去除鋁箔紙將雞肉斜切成喜歡的厚度,排於盤中就好了。

香草小龍蝦

越是簡單的菜越難發揮，加油！

材料（2 人份）

龍蝦（明蝦、白蝦都行）……隨意
橄欖油……適量
大蒜碎……適量
荷蘭芹……適量
法國麵包粉……適量
白葡萄酒 …… 適量

做法

① 蝦子去除泥腸，用小蝦時背後
　劃刀分開，使用大蝦時則剖半。

② 把大蒜、荷蘭芹與麵包粉適量
　的放在蝦肉上，撒少許鹽，淋
　上適量白酒，並加入適量橄欖
　油。

③ 將蝦子放入 200 度的烤箱烤
　約 7~15 分鐘，淋些橄欖油或
　白酒即可。

這道鮮蝦料理若是用白蝦，邀請兄弟帶一手啤酒來吧！用明蝦的
話，幫父親弄瓶高粱！屬於二人世界的燭光晚餐就用龍蝦，和義
大利馬丁尼酒廠的〝亞斯提 Asti 氣泡酒〞。

題外話，筆者還在飯店工作時，每年聖誕節廚房工結束後的小小
慶功宴，朱利安諾主廚總是拿出 Asti 氣泡酒同歡。對老外來說
聖誕節，就像中國的新年一樣重要。

加了麵包粉又需
烘烤，有時還真
是擔心麵包粉烤
焦。如果麵包粉
上色了，蝦子卻
還沒熟透，蓋上
一張烘焙用紙或
鋁箔紙問題就解
決了，超級懶人
快速調理用微波
爐也可以，不過
用烤箱的風味還
是比較讚！
美味？懶人調
理？嗯！自己選。

拉齊奧風味香料牛排

這是特具風味的義式牛排。別以為這道是鄉土菜,因為拉齊奧可是大城,馬上嚐嚐看!

材料 (1 人份)

莎朗牛排⋯⋯200 公克

　　　　　(約 6 盎司)

橄欖油⋯⋯適量

大蒜碎⋯⋯適量

迷迭香⋯⋯1 小匙

鼠尾草⋯⋯1 小匙

鯷魚⋯⋯2 小尾

脫皮蕃茄罐⋯⋯100 公克

做法

① 橄欖油加熱後關火並將大蒜碎、迷迭香、鼠尾草入鍋浸泡約 15 分鐘。(請注意是熱油浸泡,不是加熱,會焦且苦。)

② 將牛排醃漬於香料油中,並置於常溫 (冬季約 30 分鐘,夏季約 20 分鐘),將有助於牛肉入味與肉質鬆弛。

③ 取少許香料油與鯷魚罐頭中的橄欖油加熱,並加入鯷魚。將魚肉以手或鍋鏟切碎後,加入脫皮蕃茄熬煮,即完成醬汁。

④ 牛排放入鍋中煎至喜好的熟度,放入盤中並將醬汁淋上。

選用菲利牛排時注意是否具有光澤度,肉色應呈現明亮紅色。選用莎朗牛排時注意油花分布是否均勻,肉色應呈現明亮紅色。注意包裝盒內底是否有多餘的血水,有此現象的牛排通常煎煮後乾澀無味。

西西里風味烤鮮魚

這道料理所需烹煮時間不會太久，試試吧！

材料

橄欖油……適量
大蒜……適量
黑橄欖……適量
酸豆……適量
九層塔……適量
百里香……適量
鱸魚……1 斤重（約 600 公克）
基礎蕃茄醬汁……150 公克
白葡萄酒……多到魚可以游泳的量

做法

① 取一張烘焙用紙鋪放於盤子，淋少許橄欖油並將鱸魚放入，緊接著把大蒜、黑橄欖、酸豆與百里香均勻撒上，並加入蕃茄醬汁與白酒將烘焙紙對折，邊口折緊防止醬料外溢。

② 將烤箱預熱至 200 度，將處理好的紙包魚放入烤箱。烤多久？我也沒仔細計算過，簡單的方法就是烤到紙包膨脹就好了。沒有烤箱，用微波爐也可以。

這道魚料理不適合使用紅魚肉如鮭魚，適用於白魚肉如鯛魚、鱈魚等。

鮮魚處理手法

除了檢查魚鰓是否鮮紅外，魚眼是否清澈不混濁也很重要，魚身是否完整無破損。以上條件皆備，買吧！

一般購買鮮魚時魚販會將魚處理完畢，但是要注意魚背與魚鰭旁是否有殘鱗未除。

材料

橄欖油……適量
菲力牛排……喜歡吃肉就買多一些
荷蘭芹……適量
迷迭香粉……適量
法國麵包粉（也可不用）……適量
黑胡椒粉……適量
細海鹽……適量

配菜：請參考開胃菜香草風味奶油馬鈴薯

做法

① 菲力牛排撒薄海鹽，淋上少許橄欖油後，用手搓勻，室溫擺放約 30 分鐘。室溫擺放的目的在於讓肉退冰，比從冷藏直接烹煮更柔軟。

② 荷蘭芹、迷迭香粉、麵包粉與黑胡椒粉混合，將牛排放入混合好的香料粉中沾粉，入鍋以中火煎至表皮上色。

③ 將牛排蓋上鋁箔紙，放入 200 度的烤箱烘烤約 5~10 分鐘，牛排越大時間越久。完成後搭配香草馬鈴薯享用。

鹽煎牛菲力香草風味奶油馬鈴薯

吃牛排不一定要淋上足以淹沒牛排的醬汁，光是撒點海鹽與黑胡椒就很棒。

材料

橄欖油……適量
大蒜……適量
旗魚片或鮪魚……人多就多買些
鯷魚……2 小尾
蕃茄切碎……適量
黑橄欖……適量
白葡萄酒……適量
鹽與黑胡椒粉……適量
青醬……適量（做法請見 45 頁）

做法

①旗魚片撒上薄鹽與黑
胡椒粉，擺放在室溫約
10~20 分鐘入味。

②拿一煎鍋倒入橄欖油
後，放入大蒜以中火爆
香後，將魚片放入煎約
8 分熟時加蕃茄碎與黑
橄欖，並倒少許白酒將
魚煮熟，盛盤時先將魚片
放入，然後將番茄碎與
黑橄欖鋪放於肉片上，
淋上少許青醬即可。

法國麵包粉的製作方式

將法國麵包冷凍後用菜刨將麵包磨碎即是。懶得動
手買市售麵包粉也行，但是風味差很多。麵包粉在
烹煮時容易燒焦，要小心!!

熱那亞風味油漬旗魚

別將義大利菜想的如此困難，有時主菜的做法比煮義大利麵還容易。

材料

橄欖油……少量
蒜末……適量
紅蘿蔔丁……1/2 顆
洋蔥丁……1/2 顆
西洋芹菜丁……數根
基礎蕃茄醬汁……600 公克
迷迭香……適量
沙朗牛排……4 份（每份約 150 公克）
麵粉……適量
帕馬森起士粉……喜好的量
黑胡椒粉……1 小匙
紅葡萄酒……多加一點，真的！
奶油飯……喜好的量（做法請見第 96 頁）

米蘭燉牛肉佐奶油飯

時尚之都米蘭所擁有的，可不是只有時裝與珠寶而已，除了時尚還得具備美食。

做法

① 蒜末、洋蔥丁、紅蘿蔔丁、西洋芹
菜丁，以橄欖油炒香，倒入蕃茄
醬汁熬煮，然後將迷迭香放入鍋
中，並將醬汁煮沸備用。

② 麵粉、帕馬森起士粉與黑胡椒
粉混合，將沙朗牛排沾粉後油煎，
煎至二面金黃。

③ 把牛排放入醬汁燉煮，可以運用
高湯或水調整醬汁濃度。

④ 加入紅酒，蓋上鋁箔紙送入烤箱，
燜烤約 2 小時至牛肉軟爛即可。

燉飯

Risotto

多年前一個工讀生對我說：「老闆，為什麼這鹹稀飯米沒熟？而且那麼乾？」這是一般人多年前對燉飯的認識。其實義大利人也吃米飯，只是吃法不同。隨著義大利麵的普及，那半熟的燉飯被人們接受的程度也越來越高。

奶油燉飯

奶油燉飯是一切義大利燉飯的基礎，掌握好竅門，其實一點也不難。

材料（2 人份）

米……1 碗
無鹽奶油……少量
高湯或水……2 碗或適量
洋蔥丁……少量
動物性鮮奶油……適量
蘆筍……數根
雞胸肉……80-100 公克
小蕃茄……數顆
起士粉……適個人而定

做法

①無鹽奶油加熱溶化，
加入洋蔥丁，米稍微
炒煮後，倒入高湯或
水持續烹煮。

②待米稍軟後，加入動
物性鮮奶油，再加入
雞胸肉。待肉八分熟，
將其餘蔬菜加入煮熟
即可。

烹煮米時，需隨時注意水
量。完成時，米應當呈現
八分熟，米心夾生的狀
態。也可視食用者調整。

培根燉蕃茄蔬菜佐奶油飯

這是一道屬於中、南義料理，跟屬於中義料理的托斯卡尼海鮮湯有些雷同！用餐愉快！

材料（2 人份）

蒜末……適量
紅蘿蔔丁……1/4 顆
洋蔥丁……1/2 顆
西洋芹菜丁……數根
培根……數片
基礎蕃茄醬汁……250 公克
高湯或水……0.5 公升
白葡萄酒……適量
酸豆……1 小匙

做法

① 蒜末、洋蔥丁、紅蘿蔔丁、西洋芹菜丁、培根，以橄欖油炒香，倒入白葡萄酒提味並收乾。

② 加入蕃茄醬汁與高湯熬煮，鍋中並加入酸豆，並將所有蔬菜燉至軟爛。

③ 將燉蔬菜的醬汁淋在奶油飯上就可享用。（奶油飯的煮法請參閱 94 頁：酸豆奶油培根炒飯的煮法。）

選用培根時，挑肉片厚實一些的，油花多一些，並切厚一點，這樣烹煮起來味道才會特別濃郁。

酸豆奶油培根炒飯

這算是義大利菜嗎？不，這只是我愛吃的創意料理。運用多年的義大利菜經驗，將義大利食材放入這道炒飯當中，難度簡單到只要是會做蛋炒飯的人都會做。

材料（2 人份）

無鹽奶油……少量
動物性鮮奶油……適量
雞蛋……2 顆
洋蔥……適量
青椒……適量
培根……數片
煮好的飯……2 碗
黑胡椒粉……適量
酸豆……適量

做法

① 無鹽奶油加熱溶化，加入洋蔥丁、青椒與雞蛋。趁蛋還未熟，加入飯略炒。

② 隨即放入培根、酸豆、黑胡椒粉以及鮮奶油一起翻炒並調味，簡單炒飯就完成了。飯炒久一點，將鮮奶油收乾一些，會比較好吃。

煮飯秘技：
米洗好放入電鍋後，煮飯水約 1/3 的量用鮮奶油來代替，並加入少許的洋蔥一起煮，飯會很香。
或者按照一般的方式煮也可以，但是炒飯時多加一小塊無鹽奶油，比較不沾鍋，香味還會更加倍。缺點是飯不能放隔夜，因為不僅風味盡失，也不美味。

墨魚燉飯

黑摸摸的飯，透著陣陣大海潮汐的風味……

市售的墨魚汁現在已經不難買到。使用時只要一點點，顏色與味道就會相當重了！

材料（2 人份）

無鹽奶油……少量
大蒜……適量
米……1 碗
洋蔥……1/2 顆
罐裝墨魚汁
　或新鮮墨魚的墨囊……適量
新鮮墨魚……適個人而定
蛤蜊……適個人而定
小蕃茄……數顆
起士粉……適個人而定
甜豆莢……適量
高湯或水……適量
白葡萄酒……適量

做法

1. 無鹽奶油加熱溶化，加入大蒜與洋蔥丁炒香。
2. 將米放入略炒，加入高湯攪拌烹煮，並加入墨魚汁。
3. 待米煮約 6~7 分熟，加入甜豆莢、新鮮墨魚、蛤蜊與少許白酒，煮至米飯約 8 分熟，且蛤蜊已經開口，將燉飯調味並加入小蕃茄與起士粉拌匀即可。海鮮用料與種類並沒有限制，但須注意各種海鮮料下鍋烹煮的時間，才不會發生有些海鮮才剛熟，有的卻煮得太老！

牛肝菌奶油燉飯

記得第一次吃到牛肝菌時心想，怎麼會有如此濃郁又香醇的香菇。即使多年後的現在，這美味依然讓我感動。

材料（2 人份）

無鹽奶油……少量
大蒜……適量
米……1 碗
洋蔥……1/2 顆
牛肝菌……適量
喜好的菇類……適量
動物性鮮奶油……適量
白葡萄酒……適量

主廚朱利安諾的密技：朱利安諾主廚喜歡將鮮奶油換成中式的蠔油醬，很特別也很美味，試試看吧！

做法

① 牛肝菌先以冷水清洗，並用冷水泡軟備用。

② 無鹽奶油加熱溶化，加入洋蔥丁、牛肝菌及菇類炒香。

③ 加入少許酒，並將米加入略炒。浸泡牛肝菌的水別丟掉，此時將泡牛肝菌的水與高湯，及菇類加入。

④ 邊煮邊攪拌，待米煮至8 分熟，調味後加起士粉拌勻即可。

材料（4 人份）

西式香腸……4 支
動物性鮮奶油……450 公克
法式芥末子醬……適量
洋蔥……1/2 顆
紅蘿蔔……1/2 顆
馬鈴薯……1 顆
青江菜……適量
水或高湯……適量
白葡萄酒……適量

做法

① 大蒜炒香，加入洋蔥、紅蘿蔔略炒。

② 加入動物性鮮奶油與適量的水，待醬汁沸騰，將馬鈴薯切塊放入。

③ 待馬鈴薯稍為軟化後，將西式香腸加入烹煮。

④ 香腸放入後，緊接著加入白葡萄酒與法式芥末子醬，等所有材料鬆軟入味，最後加入青江菜燙熟後調味就完成了。

香腸放入鍋子前先以叉子刺少許孔洞，依不同的香腸種類有些會因加熱緊縮而變形，有些則會吸取過多醬汁而破裂同樣影響美觀。

法式芥末子醬微酸、口感醇厚，搭配鮮奶油，最適合挑嘴的小朋友。買不到法式芥末子醬也別灰心，改用黃芥末也很棒。黃芥末味道偏酸，顏色較黃，搭配鮮奶油烹煮出的醬汁，顏色呈現美味深乳黃，是屬於大人的強烈風味！

法式芥末子蔬菜燉香腸佐奶油飯

當我在烹飪班完成芥末香腸飯時，學生們突然發生暴動……

炸義大利燉飯

這是奶油燉飯的進階版，難度較高。在私底下，我喜歡叫它炸飯糰！

1 無鹽奶油加熱溶化，加入洋蔥丁、米稍微炒煮後，倒入高湯或水持續烹煮。

2 待米稍軟後，加入奶油醬汁，再加入雞胸肉。待肉7分熟，將香菇加入煮熟即可。（烹煮米時隨時注意水量，完成時米應當為7分熟狀態，放涼備用。）

取放涼之燉飯，加入起士絲捏製成圓形飯團。

3

4

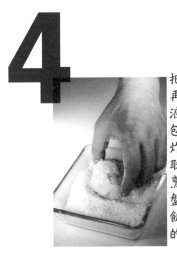

把飯團先沾蛋液，再沾麵粉，再沾蛋液後，最後再沾麵包粉，以180度炸油炸至金黃色即成。取適量基礎蕃茄醬烹煮調味後，放於盤中，將炸好的燉飯放於盤中，美味的炸燉飯就完成了。

材料

①
米……1 碗
無鹽奶油……少量
高湯或水……少量
洋蔥丁……少量
基礎奶油醬汁……適量
香菇……數朵
雞胸肉……80-100 公克

②
起士絲……適個人而定
蛋液……適量
麵粉……適量
麵包粉……適量
耐炸油……適量
基礎蕃茄醬……適量
鹽……適量

飲酒常識

餐酒

在義大利的莊園裡，一群親朋好友聚集在一起吃飯，是相當平民的幸福美味。而搭配著美食，當然也要品嘗美酒。義大利是全世界葡萄酒生產最多的國家，因此在餐間享受義大利充沛陽光下生長的葡萄所釀出的酒，當然更是重要的一件事。

要了解餐間搭配什麼葡萄酒，就要從了解葡萄的品種開始說起。

常見白葡萄品種

夏多內 Chardonnay:

全世界種植面積最廣的白葡萄品種之一，也是市場上最常找到的白葡萄酒款。夏多內的本質多樣，很難將它的表現統一歸類，但它卻是一個容易被辨認的品種，即使酒款裡只混釀極少比例的夏多內，其奔放的特性仍舊可被清楚辨識，甚至主宰酒款的整體表現。不同的產區、土壤、氣候與釀造方式都是成就夏多內白酒百般風貌的因素，它可以是清脆帶有水果酸度、清爽宜人，例如本書搭配的台階酒廠精選夏多內白酒與紐頓酒廠紅標夏多內白酒；也可能呈現馥郁飽滿，充滿奶油般香氣與口感的另一面，甚至有些會表現出礦石與礦物質的氣息，如雲霧之灣酒廠夏多內白酒與拉博絲特酒廠亞歷山大窖藏夏多內白酒，堪稱是最多變的葡萄品種。

多虧夏多內白酒的千變萬化，非常適合拿來搭配食物：年輕清爽、帶有酸度的適合搭配沙拉、簡單的海鮮與白肉料理，如香草風味奶油馬鈴薯與奶油肉球菠菜湯；口感濃郁帶有奶油般觸感的白酒與白醬、焗烤或是烹調方式較濃郁的海鮮與白肉料理則是絕配，例如羅馬風起士烤茄子與起士花椰菜雞肉焗烤麵。

白蘇維濃 Sauvignon Blanc:

白蘇維濃葡萄品種原生地在法國，目前在世界各地都可以種植，並被釀造成極為出色的酒款，例如雲霧之灣酒廠白蘇維濃白酒就是成功地帶領紐西蘭站穩國際葡萄酒產國的代表之作。典型的白蘇維濃白酒很容易讓人直接聯想到葡萄柚、柑橘、檸檬、萊姆、百香果、香瓜、青草與橄欖等清爽的熱帶水果香氣與口感，通常都是在年輕的狀態下被開瓶飲用，只有極少數特殊限量品項是被釀造為可陳年的酒款。有時候酒廠會混合白蘇維濃與其他白葡萄品種以增加酒款的豐富性，例如拉博絲特酒廠卡莎白蘇維濃白酒就是混合了少比例的榭密雍 Semillon。

白蘇維濃白酒的口感不若夏多內白酒如此圓潤、飽滿與多變，但它融合了清新爽口的酸度以及豐沛熱情的水果香氣，是十分討喜與易親近的葡萄品種，搭配餐點一起享用不會造成任何負擔，清新的水果酸度可中和食物帶來的油膩感，適合搭配本書介紹的傳統義大利麵湯、煎莫札瑞拉鯷魚麵包與啤酒蒸蛤蜊義大利麵等。

常見紅葡萄品種

卡本內蘇維濃 Cabernet Sauvignon:

最為人所知的紅葡萄品種，也是種植面積最廣的葡萄品種，源自法國波爾多，目前已遍布在全世界的主要釀酒國，包含舊世界與新世界產酒國皆可找到以卡本內蘇維濃為主要釀酒品種的紅酒。卡本內蘇維濃的果皮厚實色深、富含單寧，可釀造出口感複雜、多層次、可陳年的酒款，包含法國五大酒莊等的頂級佳釀多用卡本內蘇維濃釀造。許多卡本內蘇維濃紅酒在年輕時口感略顯生澀刺激，但隨時間陳年後會轉為圓潤柔順，如台階酒廠典藏卡本內蘇維濃紅酒；更常見的做法是酒廠在裝瓶前就先調和其他葡萄品種，以柔和口感並增加風味，如拉博絲特酒廠卡莎卡本內蘇維濃紅酒。

卡本內蘇維濃紅酒的特色是帶有黑醋栗、黑櫻桃、黑莓、甘草與青椒的氣息，許多經過橡木桶陳年的酒款甚至會出現菸草、咖啡、煙燻、香草與皮革的芬芳，入口後在味蕾的表現紮實強勁，單寧會持續蔓延在嘴巴裡，如台階酒廠頂級卡本內蘇維濃紅酒。

卡本內蘇維濃紅酒適合搭配紅肉料理，依照不同輕重的口感與風味可選擇搭配不同烹調方式的菜餚，例如拉博絲特酒廠卡莎卡本內蘇維濃紅酒搭配蕃茄燉肉特寬麵、台階酒廠典藏卡本內蘇維濃紅酒搭配迷迭香牛肉義大利麵、台階酒廠頂級卡本內蘇維濃紅酒搭配拉齊奧風味香料牛排等。

馬爾貝 Malbec:

原生於法國，曾是波爾多的重要葡萄品種，卻因為嚴重的蚜蟲病侵襲，幾乎消失於歐洲大陸；目前被廣泛種植於阿根廷，藉由阿根廷的土壤大放異彩，儼然成為阿根廷最重要的紅葡萄品種。馬爾貝的特色介於卡本內蘇維濃與梅洛之間，可釀造出色深飽滿，帶有如絲綢般的單寧，並散發莓李、黑櫻桃、棗子、巧克力與紫羅蘭花香的酒款，入口的感覺活潑有變化，尾韻帶有絲絲的香甜味，如台階酒廠典藏馬爾貝紅酒。

馬爾貝紅酒的單寧與結構不像卡本內蘇維濃紅酒那樣強勁有力，開瓶後可立即享用，可搭配的食物範圍也較為廣泛，例如烤大蒜蕃茄義大利麵、那不勒斯風味焗烤麵、米蘭燉牛肉佐奶油飯、墨魚燉飯等。

梅洛 Merlot:

梅洛屬於早熟的葡萄品種，也非常容易被種植，通常被拿來當作調和用的葡萄品種，用以增加酒款的圓潤度與水果風味，例如許多卡本內蘇維濃紅酒因結構紮實強硬，酒廠會加入一定比例的梅洛品種以柔和其表現；相反地，100% 梅洛釀造的酒款通常過於柔順無變化，因此酒廠也會混合少數比例的其他品種以增加酒體結構與變化，例如紐頓酒廠克萊紅酒混合了卡本內蘇維濃，拉博絲特卡莎梅洛紅酒則有少比例的馬爾貝，可搭配鹽煎小牛菲力佐香草風味奶油馬鈴薯，以及酸豆奶油培根炒飯。

搭配餐酒推薦

湯	推薦酒款	
香料牛肉清湯	Newton RL Chardonnay	紐頓酒廠紅標夏多內白酒
托斯卡尼海鮮湯	Lapostolle Casa Sauvignon Blanc	拉博絲特酒廠卡莎白蘇維濃白酒
奶油洋蔥湯	Terrazas Varietal Chardonnay	台階酒廠精選夏多內白酒
奶油肉球菠菜湯	Lapostolle Casa Sauvignon Blanc	拉博絲特酒廠卡莎白蘇維濃白酒
風乾火腿蔬菜湯	Terrazas Varietal Chardonnay	台階酒廠精選夏多內白酒
傳統義大利麵湯	Cloudy Bay Sauvignon Blanc	雲霧之灣酒廠白蘇維濃白酒

開胃菜與沙拉	推薦酒款	
朱利安諾油醋鮪魚起士沙拉	Chandon Brut	香桐酒廠汽泡酒
香草風味奶油馬鈴薯	Terrazas Varietal Chardonnay	台階酒廠精選夏多內白酒
煎莫札瑞拉鯷魚麵包	Cloudy Bay Sauvignon Blanc	雲霧之灣酒廠白蘇維濃白酒
塔魯塔魯風味鮪魚麵包	Cloudy Bay Sauvignon Blanc	雲霧之灣酒廠白蘇維濃白酒
炸海陸佐陳醋蜂蜜	Chandon Brut	香桐酒廠汽泡酒
羅馬風起士烤茄子	Terrazas Reserva Chardonnay	台階酒廠典藏夏多內白酒
南義風味橄欖油漬小章魚	Chandon Brut Rose	香桐酒廠汽泡酒
香料醋醃魚排	Newton RL Chardonnay	紐頓酒廠紅標夏多內白酒

義大利麵 Pasta	推薦酒款	
生氣的人義大利麵	Chandon Brut Rose	香桐酒廠粉紅汽泡酒
春季阿爾卑斯	Terrazas Varietal Chardonnay	台階酒廠精選夏多內白酒
老奶奶烘蛋麵	Terrazas Varietal Chardonnay	台階酒廠精選夏多內白酒
鄉村燉蔬菜義大利	Chandon Brut	香桐酒廠汽泡酒
藍紋起士雞肉麵	Newton UF Chardonnay	紐頓酒廠未過濾型夏多內白酒
卡佩里尼鮮蝦義大利麵	Terrazas Reserva Chardonnay	台階酒廠典藏夏多內白酒
蕃茄燉肉特寬麵	Lapostolle Casa Cabernet Sauvignon	拉博絲特酒廠卡莎卡本內蘇維濃紅酒
啤酒蒸蛤蜊義大利麵	Cloudy Bay Sauvignon Blanc	雲霧之灣酒廠白蘇維濃白酒
蕃茄起士洋芋麵	Terrazas Varietal Chardonnay	台階酒廠精選夏多內白酒
倫巴底奶油堅果肉醬麵	Newton UF Chardonnay	紐頓酒廠未過濾型夏多內白酒
烤大蒜蕃茄義大利麵	Terrazas Reserva Malbec	台階酒廠典藏馬爾貝紅酒
熱那亞風味培根義大利麵	Terrazas Reserva Chardonnay	台階酒廠典藏夏多內白酒
迷迭香牛肉義大利麵	Terrazas Reserva Cabernet Sauvignon	台階酒廠典藏卡本內蘇維濃紅酒
南瓜麵餃	Terrazas Varietal Chardonnay	台階酒廠精選夏多內白酒
起士花椰菜雞肉焗烤麵	Terrazas Reserva Chardonnay	台階酒廠典藏夏多內白酒
雙味起士鮮蝦焗烤麵	Cloudy Bay Chardonnay	雲霧之灣酒廠夏多內白酒
那不勒斯風味焗烤麵	Terrazas Reserva Malbec	台階酒廠典藏馬爾貝紅酒

比薩 Pizza	推薦酒款	
煙燻起士雞肉 pizza	Terrazas Reserva Chardonnay	台階酒廠典藏夏多內白酒
辣鯷魚海鮮 pizza	Lapostolle Cuvee Alexandre Chardonnay	拉博絲特酒廠亞歷山大窖藏夏多內白酒
肉球 pizza	Terrazas Reserva Malbec	台階酒廠典藏馬爾貝紅酒
熱那亞海鮮 pizza	Terrazas Reserva Chardonnay	台階酒廠典藏夏多內白酒
口袋 pizza	Cloudy Bay Sauvignon Blanc	雲霧之灣酒廠白蘇維濃白酒

主菜／排餐	推薦酒款	
培根雞肉蔬菜捲	Terrazas Varietal Chardonnay	台階酒廠精選夏多內白酒
馬斯卡彭起士雞肉捲	Terrazas Reserva Chardonnay	台階酒廠典藏夏多內白酒
惡魔辣味烤半雞佐燉蔬菜	Chandon Brut Rose	香桐酒廠粉紅汽泡酒
香草小龍蝦	Newton UF Chardonnay	紐頓酒廠未過濾型夏多內白酒
拉齊奧風味香料牛排	Terrazas Afincado Malbec	台階酒廠頂級卡本內蘇維濃紅酒
鹽煎小牛菲力佐香草風味奶油馬鈴薯	Newton RL Claret	紐頓酒廠克萊紅酒
西西里風味烤鮮魚	Cloudy Bay Chardonnay	雲霧之灣酒廠夏多內白酒
熱那亞風味油漬旗魚	Terrazas Varietal Cabernet Sauvignon	台階酒廠精選卡本內蘇維濃紅酒
米蘭燉牛肉佐奶油飯	Terrazas Afincado Cabernet Sauvignon	台階酒廠頂級馬爾貝紅酒

燉飯	推薦酒款	
奶油燉飯	Terrazas Reserva Chardonnay	台階酒廠典藏夏多內白酒
酸豆奶油培根炒飯	Lapostolle Casa Merlot	拉博絲特酒廠卡莎梅洛紅酒
培根燉蕃茄蔬菜佐奶油飯	Newton RL Chardonnay	紐頓酒廠紅標夏多內白酒
墨魚燉飯	Terrazas Reserva Malbec	台階酒廠典藏馬爾貝紅酒
牛肝菌奶油燉飯	Newton UF Chardonnay	紐頓酒廠未過濾型夏多內白酒
法式芥末子蔬菜燉香腸佐奶油飯	Lapostolle Cuvee Alexandre Chardonnay	拉博絲特酒廠亞歷山大窖藏夏多內白酒
炸義大利燉飯	Cloudy Bay Chardonnay	雲霧之灣酒廠夏多內白酒

雅朵義大利披薩屋

台北市中山北路七段 116 號　　2874-3269

採用義大利進口石窯，以高溫加熱石板，全程維持 300~400 度，快速均勻烘烤，以純手工方式，每日新鮮揉製麵團發酵，製作出純義大利式薄披薩

Moët Hennessy
TAIWAN

酩悅軒尼詩為您呈現最優異的新世界葡萄酒
Moët Hennessy Estates & Wine Portfolio

TERRAZAS de los Andes

阿根廷台階酒廠
堅持醞釀理想的高度

CLOUDY BAY

紐西蘭雲霧之灣酒廠
最純淨的紐西蘭國寶級酒廠

Lapostolle

智利拉博絲特酒廠
誕生於智利的法式優雅

des
CHATEAU CHEVAL BLANC & TERRAZAS DE LOS ANDES

阿根廷安地斯白馬酒廠
新世界的頂級佳釀

CHANDON

澳洲香桐酒廠
優雅風格 銷售第一

NEWTON VINEYARD

美國紐頓酒廠
釀造未過濾葡萄酒的先驅

客服商品洽詢專線：0800-352-988

喝 酒 不 開 車 、 開 車 不 喝 酒

男人的廚房──義大利篇

作　　　者	金嘉鴻
攝　　　影	柯乃文

發　行　人	林敬彬
主　　　編	楊安瑜
統籌編輯	李彥蓉
執行編輯	王佩賢
美術編排	張育慈
封面設計	張育慈

出　　　版	大都會文化事業有限公司　行政院新聞局北市業字第 89 號
發　　　行	大都會文化事業有限公司
	11051 台北市信義區基隆路一段 432 號 4 樓之 9
	讀者服務專線：（02）27235216
	讀者服務傳真：（02）27235220
	電子郵件信箱：metro@ms21.hinet.net
	網　　　址：www.metrobook.com.tw

郵政劃撥	14050529　大都會文化事業有限公司
出版日期	2010 年 11 月初版一刷
定　　　價	280 元

ＩＳＢＮ	978-986-6152-01-6
書　　　號	i-cook 01

First published in Taiwan in 2010 by
Metropolitan Culture Enterprise Co., Ltd.
4F-9, Double Hero Bldg., 432, Keelung Rd., Sec. 1,
Taipei 11051, Taiwan
Tel:+886-2-2723-5216　　Fax:+886-2-2723-5220
Web-site:www.metrobook.com.tw
E-mail:metro@ms21.hinet.net
Copyright © 2010 by Metropolitan Culture Enterprise Co., Ltd.

◎本書如有缺頁、破損、裝訂錯誤，請寄回本公司更換
版權所有・翻印必究
Printed in Taiwan.　All rights reserved.

國家圖書館出版品預行編目資料

男人的廚房 . 義大利篇 /　　　　　金嘉鴻著 . -- 初版 . -- 臺北市：大都會文化，2010.11 面；公分 ISBN 978-986-6152-01-6(平裝) 1. 食譜 2. 義大利 427.12　　　　　　　　　　　　99019693	